# 生活妙招小百科

品质生活研究所　编著

**SPM**
南方出版传媒
广东经济出版社
·广州·

图书在版编目（CIP）数据

生活妙招小百科 / 品质生活研究所编著. — 广州：广东经济出版社，2021.3（2023.5重印）

ISBN 978-7-5454-6836-6

Ⅰ. ①生… Ⅱ. ①品… Ⅲ. ①生活 – 知识 – 图解 Ⅳ. ①TS976. 3-44

中国版本图书馆CIP数据核字（2019）第222638号

责任编辑：程梦菲　张晶晶　李雨昕
责任技编：陆俊帆
封面设计：朱晓艳

**生活妙招小百科**
**SHENGHUO MIAOZHAO XIAO BAIKE**

出版发行：广东经济出版社（广州市环市东路水荫路11号11~12楼）
经　　销：全国新华书店
印　　刷：珠海市国彩印刷有限公司
　　　　　（珠海市金湾区红旗镇永安一路国彩工业园）

开　本：889mm×1194mm　1/32　　印　张：6.5
版　次：2021年3月第1版　　　　印　次：2023年5月第2次
书　号：ISBN 978-7-5454-6836-6　字　数：199千字
定　价：25.00元

发行电话：（020）87393830
广东经济出版社常年法律顾问：胡志海律师　法务电话：（020）37603025
如发现印装质量问题，请与本社联系，本社负责调换

# 前 言

## Ⓕoreword

　　生活只是生下来，然后活下去吗？这或许不是生活的全部意义。实际上，很少有人真正懂得生活。生活不断继续，很少有人能提前做好准备，我们所欠缺的，无非是一颗热爱生活的心。其实，生活脱去华丽的外衣，真的会变得很简单，人生在世也不过是衣食住行。我们常常向往外面的世界、别人的幸福，其实，这一切你都可以拥有！

### 清洁，"焕新"你的生活。

　　你居住的房间正是你内心的折射，你的人生其实就像你的房间。在大谈"996"的社会背景下，时间可以说是上班族最宝贵的东西了。上班辛苦了一天，下班后还要面对洗碗洗衣等一系列家务，辛苦做完清洁后早已累得不行，剩下不多的个人时间也只能"葛优躺"了，所以"如何高效做清洁"这个课题是时候提上议程了。其实，在清洁房间的同时，也是对自己当下生活状态的一次反思与修行，清扫一切烦乱的情绪、不好的心情。干净的房间可以净化你的心灵，给予你满满的正能量！

### 收纳，"打理"你的生活。

　　收纳是找寻我们内心的过程，把糟乱的情绪一条一条、一件一件地理清楚，是对生活的一个交代，也是热爱生活的表现。日本收纳大师近藤麻理惠曾说：家里存在的每一样东西，都应该是让你感到喜欢和幸福的。化繁为简，要在选择上提高效率。假如衣橱里的每一件衣物都是你喜欢的，你随时都可以搭配出属于你风格的造型，就不会头疼于"今天穿什么"。我们的厨房不仅仅是烹饪美食的地方，更是放松心情、交流情感的场所，柴米油盐、杯盏碗碟，正因为有了这个充满人间烟火的地方，我们的生活才变得踏实而丰富。

### 穿衣，"包装"你的生活。

在生活中，从一个人的穿着打扮就能看出这个人对待生活的态度如何。在穿衣打扮的过程中，需要不断删减、对比才能发现自己什么样子更好看。要懂得投资自己的大脑，掌握一定的生活常识，提高自己的审美和品位，这样才不会什么衣服都乱买，知道哪些是真正适合自己的。会打扮的人穿衣大都简单精致，他们能精准地挑选衣物，形成了自己独特的穿衣风格和气质。打扮，可不是会穿衣、会化妆那么简单，这里面蕴藏着一个人的审美和品位，会打扮的人拥有塑造美、发现美的能力，拥有一份对生活执着炽热的爱。能把自己打扮好看的人，通常也能把生活过得有滋有味。

### 烹饪，"治愈"你的生活。

为家人做饭是一种缓解压力和保持心情愉悦的方式。在做饭的过程中，把自己从繁忙的工作中抽身出来，转而关注营养和新鲜程度，用心挑选食材，再择摘、清洗、切分、分装，结合养生的方式煎炒烹煮，然后精心摆盘，拍照，与家人朋友分享美味佳肴，得到反馈。烹饪者的整个身心在这个过程中是愉悦和满足的。爱好烹饪的人，大都热爱生活。一方窄窄的厨房，两个锅，两个灶，一个案板，一个水池，都充满着生活的滋味。那些热爱烹饪的人，往往也会把生活打理得井井有条。

### 消费，"精明"你的生活。

钱是有限的，人的欲望是无限的，用有限的钱来满足无限的欲望自然是不够的，所以消费需要策略。同样的钱花在不同的地方会得到不同的结果。好的花钱策略被称之为花在刀刃上。这不是让我们少花钱，也并非提倡把自己的消费标准放低，恰恰相反，其实是希望我们把对生活的要求再提高一点。学会合理消费的目的就是让自己的物质生活变得更好，好好地考虑哪些东西值得消费哪些东西不值得消费，也会让你在精明消费的过程中成长。我们需要的只是一些小小的技巧，把时间和金钱用在那些真正需要，并且物有所值的东西上，而不要浪费在华而不实、没有用的地方。一旦我们做到了这一点，就会发现：节俭，其实是件快乐的事情。

### 环保，"低碳"你的生活。

到底什么是低碳生活？其实很简单，对于我们普通人来说，低碳生活是一种态度，是返璞归真，形成绿色的生活方式。我们可以从生活中的小事情做起，只要方法得当就会节约不少的能源。在日常生活中，我们要坚持"低碳生活"，做一些力所能及的小事情。

### 健身，"健康"你的生活。

什么是幸福？健康就是幸福！健康就是一个空心的玻璃球，掉下去就碎了；而我们的工作就是一个皮球，掉下去还可以弹起来。健康是单行线，每一个人都要认真对待。现代人生活节奏加快，压力变大，长期坚持健身也成为很多上班族改善身体亚健康状态，保持精力充沛的重要手段。一个健康的体魄会让你在生活中更加精力满满，也更能体验和享受自己的工作生活，不仅给工作生活带来积极的影响，还能从方方面面提升你的自信，让你的人生也变得更加精彩。

　　俗话说，"世事洞明皆学问""只要脑筋动得好，不怕窍门找不到"。对于本该知道的一些生活小常识，很多人却一知半解。本书所精选的小妙招，都是与我们日常生活息息相关的、居家过日子不可不知的生活常识，有了这些小妙招，会让你的生活质量大大提升！

　　最后的最后，告诉大家一个生活技巧：穿新鞋、洗车、洗头、上下班高峰期、放假均可召唤大雨哦！（皮一下很开心）

# 目 录

第二章

居家妙招

第一章

# 清洁妙招

CHAPTER 1

　　一位妈妈在家做卫生有点烦了，就在家里的小黑板上写了"家庭卫生，人人有责"。女儿回来后，加了一笔，变成"家庭卫生，大人有责"。爸爸回来后，再加了一笔，黑板上的字变成了"家庭卫生，夫人有责"……

## 最好的去污法1：巧除衣物墨水污渍

1 用牙膏去墨迹。衣服上不小心沾上墨迹，可挤适量牙膏涂在墨迹处，用手反复揉搓，再用清水洗净，即可除去墨迹。

2 用米饭或面糊去墨渍。将米饭或面糊均匀涂在沾染的新墨渍上面，并细心揉搓，用纱布擦去脏物后用洗涤剂清洗，再用清水冲净即可。若为陈墨渍，可用酒精和肥皂液（1：2）制成的溶液反复揉搓，这样可以达到清洁效果。

3 用牛奶去墨迹。衣服沾上墨水，可先用清水清洗一下，再用牛奶洗一洗，然后用清水漂洗干净，这样就可清除墨迹。

4 用维生素C片去墨迹。先把衣服浸湿，拧掉多余水分，然后用硬物把几片维生素C片压成粉，倒在衣服墨迹处反复揉搓，最后用清水冲洗，衣服便干净如初了。

5 用酒精或高锰酸钾溶液去红墨水渍。先用洗涤剂清洗，再用酒精（10％）或高锰酸钾溶液（0.25％）搓洗墨污处，最后用清水洗净即可。

6 巧去圆珠笔墨渍。将衣服被污染处用洗衣液全部浸湿，再用刷子蘸上白醋轻轻刷洗，墨迹即会慢慢消失。也可以用刷子沾上酒精（或者涂抹上牙膏）在衣服有墨迹的地方刷洗，等到墨渍慢慢溶解扩散后，再将衣服用肥皂细心搓洗，墨渍即可除去。

7 去除衣物上的药渍。将水和酒精（或高粱酒）混合（水少许，几滴即可），然后涂在污处，用手揉搓，待药渍慢慢消失后，用清水漂洗干净。另一种方法是先用三氯钾溶液漂洗，然后用肥皂水、清水依次漂洗就可以将药渍去除。也可在污处洒上食用碱面，用温水仔细揉搓。如果将加热后的食用碱面撒在污处，用温水揉搓，就能更快将药渍去除。

8 用牙膏去除衣服上的紫药水。先在被染处涂上少许牙膏，稍等一会儿，再喷上一些厨房清洗剂，紫色的污物就会慢慢变浅，稍作清洗就可完全消失。

9 用维生素C片去除高锰酸钾污渍。高锰酸钾是家庭常用的消毒剂，它与皮肤和衣物接触后，会留下难以除去的黄褐色污渍，用蘸水的维生素C片涂擦搓洗便可去除。

10 用可乐去除碘酒污渍。若不小心洒了些医用的碘酒在衣服或桌布上，将非常难看。此时，将可乐滴在碘酒污渍上，20分钟后搓洗一下即可，效果显著。

## 最好的去污法2：巧除衣物油污渍

**1** 去蜡油污渍。在衣物污渍处的正反面垫上纸巾，在纸巾上用熨斗熨烫，蜡油熔化后被纸巾吸走，反复几次后即可除净。

**2** 去机油污渍。衣服上不慎沾染了机油，可在沾有机油的地方涂抹上牙膏，约1小时后将牙膏搓除，用蘸水的干净毛巾擦洗，即可将油污去除。

**3** 去油渍。已晒干的油斑无法用汽油和稀释剂清除，可用棉纱布蘸松节油涂于油渍处，轻搓或刷洗片刻，再用肥皂揉搓并冲洗，油斑即可消失。

**4** 去除衣物上的松树油污渍。衣服沾了松树油很难洗去，可用蘸了牛奶的纱布擦拭，若还有痕迹，可再用纱布蘸酒精反复擦拭，最后就能除掉油渍了。

## 最好的去污法3：巧除衣服上的番茄酱汁

吃带有番茄酱的食物时如果不小心将番茄酱或番茄汁弄到衣服上，洗的时候不太容易洗干净，尤其是时间一长就更难彻底清除了。

1 用柠檬液清除。将5％的柠檬液和少量的白葡萄酒混合，然后涂在番茄酱汁渍处，浸润后颜色会变浅，再用清水充分洗涤后即可消除。

2 用维生素C溶液来清除。取维生素C片放在温水中制成维生素C溶液，用其浸润在番茄酱汁渍处，过几分钟后，颜色会逐渐变淡而褪去。

3 用白醋清除。衣物沾到番茄酱时，先将番茄酱污渍刮除，再立刻用冷水冲洗污渍的背面并轻轻地搓揉，同时持续利用水流的冲力穿过污渍处，然后将白醋涂抹在污渍的背面，再用水清洗。重复以上步骤几次，即可将污渍清除干净。

4 可将番茄酱渍刮去，再用温热的洗衣粉溶液清洗；或用35℃左右的甘油涂在污渍处，放置半小时，再用温皂液刷洗，用冷水漂清即可。

## 最好的去污法4：巧除衣物上的酱油渍

**1** 用纸巾擦拭去除。衣服上沾了酱油，可马上用纸巾沾少许的清水擦洗，这样酱油就被擦掉了，干后是完全看不出来的。这个方法的关键是动作要迅速，越快越好。

**2** 用白糖或苏打粉清洗。如果衣物上酱油渍的时间很长了，不容易清除，可先将酱油渍处浸湿，然后撒上一勺白糖，用手揉搓，搓后用清水清洗即可。也可以将白糖换成苏打粉撒在污渍上，不用搓洗，10分钟后用清水洗净，酱油的痕迹就会除去。

**3** 用莲藕汁去除。衣服上沾有新鲜酱油渍，可以用少量的莲藕汁涂在酱油渍处，仔细揉搓，10分钟后在水中清洗，可以除去酱油渍。

**4** 用氨水清洗。清除陈旧的酱油渍可以在洗涤剂中加入适量氨水浸洗，或者用2%的硼砂溶液洗涤（丝织品与毛织品除外），或者用阿摩尼亚水清洗，而残留的印迹则需要经过漂白才能恢复如初。

## 最好的去污法5：巧除衣服上的葡萄汁渍

1 用醋去除。衣服上不小心沾染上葡萄汁污渍，可马上用白醋或者米醋将污渍处浸湿，过至少15分钟后反复揉搓，再用清水洗净，污渍就能去除。

2 切不可使用肥皂清洗。不小心将葡萄汁溅到衣服上，不管是立即清洗还是过一段时间清洗，都不要用肥皂来清洗，肥皂虽然有很强的去污能力，但是并不是所有的污渍都适合用肥皂去清洗。葡萄汁污渍遇上碱性的肥皂，不但不能将污渍洗掉，反而还会加深污渍的颜色。

3 用浓盐水去除。可用浓盐水搓湿污处，或立即把食盐撒在污处，用手轻搓，再用洗涤溶液洗净。陈渍则可先用5%的氨水浸泡，然后用洗涤剂清洗，最后漂净即可。

## 什么神仙工具：巧除衣服汗臭味

夏天天热，衣服上难免就会有汗臭味。纯棉的衣服如果只用普通的洗衣法洗涤，汗臭味往往难以除尽。

1 用白醋除汗臭味。先按正常洗法将衣服洗净，然后放进白醋和水混合成的醋水中浸泡5分钟，拿出来再漂洗一次，放在通风处晾干，即能消除汗臭味。

2 用洗发水除汗臭味。想要去除衣服上的汗臭味，可在洗涤时在水里滴入几滴洗发水，洗净衣服即可，这样去除汗臭味的效果特别好。另外，洗发水还可以去除衣服上的汗斑。

3 用花露水除汗臭味。衣服洗干净后，还可在清水中滴入几滴花露水，然后将衣服浸泡片刻，拧去多余水分，在通风处晾干即可。

## 梅雨天的烦恼：去除衣服晾晒后的怪味道

衣服洗净后要马上展开并晾晒，不宜不舒展开就挂起来，否则衣服不但不容易晾干，还会出现异味。这是因为洗涤后布料间的空气不能流通，产生了导致异味的细菌。

1 如果衣服晾干后出现异味，要用清水重新清洗一遍，如果布料不怕烫，最好用热水消毒，然后在阳光下铺开晾干。

2 着急穿出去的衣服，可以用吹风机冷风把衣服吹15分钟，即可去除霉味。

3 把有异味的衣服挂在有水蒸气的地方，比如刚洗过澡的浴室，这样也可以有效去除衣服上的异味。

4 在清水中加入两勺白醋和半袋牛奶调匀，把有异味的衣服放进去浸泡10分钟，然后漂洗干净，即可去除异味。

# 热水不是万能的：最全的衬衣洗涤方法

1. 贴身衬衣忌用热水洗涤。一般人认为，用热水洗贴身的衬衣才会干净杀菌，实则不然，汗液中含有的蛋白质是水溶性的物质，受热后容易发生变性，所生成的变性蛋白质难以溶于水，并渗积到衬衣的纤维之间，不仅很难洗掉，还会导致织物变黄、发硬。因此，有汗渍的衬衣最好用冷水洗，加少许食盐到水里会有更佳的洗涤效果。

2. 涤纶衬衣的洗涤方法。先用冷水浸泡15分钟，然后用一般合成洗涤剂洗涤，水温不宜超过45℃。领口、袖口等较脏处可用毛刷刷洗。洗后，漂洗干净，可轻轻拧绞，置阴凉通风处晾干，不宜曝晒，不宜烘干，以免因热生皱。

3. 棉和聚酯纤维混纺面料衬衣的洗涤方法。洗涤时水温不能太高，温度在30℃～40℃为宜，洗涤时不能使用含有氯漂、超强增白、强碱成分的洗涤剂及工业洗涤剂，不宜高温曝晒，不可干洗。

4. 真丝衬衣的洗涤方法。先将衬衣在水中浸泡10分钟左右，浸泡时间不宜过长。忌用含强碱成分的洗涤剂清洗，可选用中性肥皂或皂片、中性洗涤剂。洗衣的水温以微温或同室温为宜。洗涤完毕，轻轻压挤水分，切忌拧绞。应在阴凉通风处晾干，不宜曝晒，更不宜烘干。

5. 棉麻衬衣的洗涤方法。麻纤维刚硬，抱合力差，洗涤时要轻柔些，切忌使用硬刷刷洗和用力揉搓，以免布面起毛。洗涤后不可用力拧绞，有色棉麻织物不宜用热水浸泡，不宜曝晒，以免褪色。

6. 棉织物衬衣的洗涤方法。棉织物的耐碱性强，不耐酸，抗高温性好，可用各种肥皂或洗涤剂洗涤。洗涤前，可先将衬衣放在水中浸泡几分钟，但不宜过久，以免褪色。

## 锃亮如新：灶台的清洁方法

1 用面粉清洗灶台。先将面粉撒在油污处，抹匀，然后用干抹布或直接用手按在撒上去的面粉上来回擦拭，这时你就会看到白白的面粉渐渐变成了油污色，这说明油污混在面粉里被擦下来了，最后用拧干水的湿抹布擦拭一遍，灶台就会透亮干净。

2 用洗洁精清洗灶台。那种又干又硬的油污，刚擦时根本擦不动，需要先将油污浸软之后再进行清洗。可先将洗洁精涂在有油污的地方，抹匀后让其将油污浸透。为避免洗洁精变干，可将洗洁精抹匀后再盖上一层纸，这样不仅浸透了油污，而且大部分油污都粘在纸上面了，之后清洗灶台就容易多了。

3 用苏打粉清洗灶台。准备一个喷壶，在里面放一些苏打粉，倒入适量的白醋，再加入一些食用盐，最后加入清水稀释调匀。直接将它喷洒在灶台上面，然后用抹布擦拭油污处，擦拭完之后灶台就会变得光洁明亮。白醋和小苏打混合在一起有很强的去污力，可有效去除灶台上面的污渍、油渍，食盐有消毒的作用，能清理灶台上的细菌。对于少量的顽固污渍，还可以将白醋和洗洁精按照1∶2的比例混合制成清洁剂，再用牙刷蘸清洁剂清洗即可。

4 用白萝卜擦灶台。切几大片白萝卜，然后蘸上一些清洁剂擦厨房台面，这样能有效去除台面污渍，若没白萝卜，可用黄瓜或胡萝卜代替。

## 硬核油污不用怕：如何处理抽油烟机油盒

使用抽油烟机，油烟是抽走了，但是抽油烟机的油盒内却留下了稠糊糊的废油，而且时间一长，不但量越来越多，而且油盒会变得很难清洗。以下几个小妙招将帮您轻松解决清洗难题。

1 事先往油盒中灌进一些水，根据油的密度小于水的密度这一原理，抽进去的油就会漂浮在水上而不是黏在盒子上，清理的时候，只要将水倒掉，再稍做清洗就可以了。

2 每次清洗干净后，在盒底撒上一层薄薄的洗衣粉，加少许清水，油比水轻，再有积油时就会漂浮在水上，清洗时将盒内油倒出后，盒底则不会有油垢黏附，用清洁剂较易清洗干净。

3 将油盒取下，严密包裹一层保鲜膜，放入冰箱冰冻三小时后，拆开保鲜膜，用保鲜膜将冻住的废油抠取下来，然后用洗洁精清洗油盒，冲洗干净即可。

4 这里还有一个方法，可以一招解决抽油烟机油盒的清洗问题：将干净的油盒取下，准备一张能完全包住油盒的保鲜膜，将保鲜膜中间部分完全贴合在油盒里面，可在油盒内壁上抹一点点水；帮助保鲜膜更好地贴紧。两头和四周多余的部分也都包好，装回抽油烟机上。这样，使用一段时间之后，便取下油盒，轻轻撕去保鲜膜，用洗洁精清洗一下油盒，就可简单快速地使它干净。

## 明明不是道化学题1：防止铁锅生锈的窍门

铁锅较容易生锈，刚炒过菜的铁锅明明把它清洗干净了，但是等到下次做饭再用时，你可能会看到锅底有一些小"黄花"。也就是说，有锈斑了。这是因为在锅被洗净后，残余的水滴使锅底开了"黄花"。

1 每次铁锅使用完之后要及时清洗，将铁锅里的食物残渣擦洗干净，尤其是那些烧焦粘在铁锅上的残渣。如果觉得残渣很难清洗，可以先加水浸泡20分钟，或者在锅中加适量水烧热，然后擦洗即可，这样不仅可以清洗掉食物残渣，还能防止铁锈的产生。

2 把新的铁锅洗净后烧热，放入一块肥猪肉，用肥猪肉均匀地擦拭整个锅底面，再用中小火把肥猪肉榨出油，之后用手握住锅柄旋转晃动，让油涂抹在铁锅的内壁，再让油在锅里浸润三分钟左右，目的是让油更好地渗入铁锅，之后熄火，待油自然冷却后倒掉，再将锅冲洗干净，经过这样处理的铁锅不仅油亮而且不易生锈、不易粘锅。

3 随着铁锅使用时间延长，其污垢就越难清除干净。可试一试用梨子皮清洗铁锅。只需要把梨子皮放入铁锅，加水煮开，在这个过程中不论是油污还是铁锈都很容易脱落，之后用抹布擦拭，再冲洗干净即可。

4 铁锅在每次使用、清洗完之后，宜用抹布或厨房用纸擦干，也可直接开小火烤干水分。若长时间不用，建议铁锅的表面涂抹上薄薄的一层植物油以防生锈。

5 清洗铁锅时最好用抹布、海绵或软刷等，千万别使用钢丝球。若在使用铁锅的过程中出现焦煳的情况，可在清洗前先倒入一些热水浸泡片刻，再用锅铲将其处理干净，然后用水冲洗干净，对于比较顽固的焦煳物，可以放少许盐，倒入开水煮五分钟左右，再用软刷清洗即可。

6 最后提醒大家，如果你要长时间煮汤，那么就不要选择铁锅，也不要用铁锅熬药、煮绿豆等。如果家里的铁锅生锈情况严重，还出现掉黑渣的情况，就要果断将其丢弃。

## 明明不是道化学题2：巧除不锈钢餐具污垢

不锈钢餐具虽然不容易生锈，但是也会积污垢，很不卫生，一般的方法也不易彻底清洗干净，除非用钢丝球擦洗，但是这样对餐具的表面光洁度损害太大，并不可取。

有一个很省时省力又可令不锈钢餐具光洁如新的方法：把待清洗的不锈钢餐具放在锅中，倒入水，以没过餐具为宜，然后放入一些柚子皮或菠萝皮，将水煮沸，再用小火煮20分钟。待水冷却后把餐具拿出来擦干，污垢就会消失。

# 就地取材：如何清洗洗手台

1 大理石洗手台。清洗大理石台面，一般应当采用pH值为中性的清洗剂，以防止清洗剂侵蚀台面。天然大理石材料存在孔缝，易积存污渍，保养时，可先用渗透性防护剂封闭石材微孔，防止污染物进入，再使用表面保护剂来保护台面色泽。

2 石英石洗手台。石英石台面由于具有高硬度和高致密性的特点，基本上不容易渗透污渍。对于表面污渍，可用中性清洁剂清洗，一般可完全清除。在使用石英石台面时，如果经常放置过热器具，根据热胀冷缩的原理，会导致材料内部分子变化，时间一长，就会使台面局部变黄而失去光泽或产生裂缝。

3 陶瓷洗手台。陶瓷洗手盆的清洁保养较简单，只要用湿抹布加清洁剂清理即可，注意不宜用摩擦力强的抹布擦拭。日常有尘土、沙子等应及时清除，以防磨损表面。当陶瓷盆表面出现划痕时，可以在划痕处涂上少许牙膏，用软布反复擦拭，再抹上一点蜡即可。

4 巧洗各种材质的洗手台。准备些许小苏打，煮好的柠檬水，牙刷，海绵布。先往洗手台上的污垢处倒上适量小苏打（小苏打具有很强的清洁去污功效），接着往洗手台上倒一些煮好的柠檬水（柠檬水中含有柠檬酸，可将洗手台上的污垢分解），然后用牙刷刷洗污垢处，用海绵布清洗洗手台即可。

# 目瞪口呆：疏通下水道的技巧

**1** 用小苏打加醋疏通。小苏打是生活中的"小能手"，它能帮助我们解决很多难题，比如清除难以清洗的污渍，因此，家中备上一些小苏打是非常必要的。小苏打加醋还能疏通下水道，具体做法如下：先把小苏打粉末倒入下水道中，这样小苏打就会附在下水道堵塞的位置，然后倒入醋（最好使用白醋）。醋和小苏打发生化学反应，可以轻易地把下水道中一些油腻的东西都冲走，这样就能起到疏通下水道的作用了。最好用这个方法来解决下水道的堵塞问题，定期清除下水道中的污渍就能防止下水道堵塞了。

**2** 用打气筒疏通。一般下水道堵塞之后都会导致水无法流通下去，这个方法就是用气压把下水道冲开。我们可以先往下水管道里注入一些水，这样下水管道中就会形成一个密闭的环境。把打气筒插到管道中，打气筒的口子必须比下水道的管道口要大，不然无法形成密闭的环境。然后用力地推打气筒，给里面的水施加压力，使水在压力的作用下突破堵塞下水道的污物，这样下水道就通了。对于那种下水管道堵塞导致水流得很慢的情况，也可以用这个方法疏通，十分管用。

3 利用水压疏通。把家里大一点的水管拿出来，或者是准备一根正好可以套住下水管道的橡胶水管，把它一头套在家里水流较大的水龙头下，一头套在下水道的管道上面。然后把两端都固定好，确认无误后再打开水龙头，这样就可以利用强力的水压疏通下水管道了。但这个方法有一定的危险性，有可能会导致水管爆裂，所以要慎用。

4 用黄鳝或者泥鳅疏通。这个方法非常有趣。先准备几条黄鳝或者泥鳅，优选黄鳝，因为黄鳝的力气比较大。但注意黄鳝的个头不用太大，准备那种短小有力的黄鳝就行。把黄鳝或泥鳅放到堵塞的下水道里，然后往里面撒一些洗衣粉来刺激它们，这样它们就会往下水道里面钻洞，从而就把下水道疏通了，而且洗衣粉也有助于下水道的疏通。

# 新装修咋入住：巧除新居异味

1 利用红茶。将300克红茶分别放在两个盆中，然后倒进开水，沏成热茶，放在有异味的室内，并打开窗户让空气流通。大约两天两夜后，刺激性的气味基本上就会消失。

2 利用活性炭。活性炭具有吸附性的化学特性，可将活性炭放在盘子中，每盘约放100克，每个房间内放2~3盘，大约72个小时之后，室内异味即可消除。

3 利用绿植。可以在室内放些如芦荟、仙人掌、君子兰、吊兰等植物。这些植物不仅可以去除异味，还可以吸收甲醛。比如芦荟，一盆芦荟大约能吸收空气中90％的甲醛。但是芦荟喜阳，更适合放置在阳光充足的地方，才能发挥其最大作用，所以最好将它放在室内阳光能照射到的地方。

4 利用菠萝或波罗蜜。在每个房间放几个菠萝，大的房间可多放一些。菠萝既可吸收油漆味，又可散发清香，有助于异味的清除。还可以用一些波罗蜜去除新装修房屋的异味。把一只破开肚的波罗蜜放在屋内，由于波罗蜜个体大，香味极浓，放置几天就可以把异味吸收干净。

## 还能不能愉快地上厕所：去除厕所臭味的方法

*1* 在卫生间里放置一小杯醋，醋味在空气中挥发，可以让臭味消失，一小杯醋大概可以用6~7天，也就是说，每星期换一次即可。

*2* 平时沏茶后剩下的茶叶不要倒掉，把它放到阳光下晒干收集起来，然后在卫生间内将其燃烧，利用烟气味，可将臭味去除。

*3* 如果您觉得醋和茶叶还不够使厕所空气清新的话，那就让花露水来帮忙吧！将几滴花露水抹在厕所的电灯上，注意，一定要在断电的情况下操作。等花露水完全挥发后，打开电灯就满屋飘香了。

*4* 将一盒打开盖的清凉油或风油精放在卫生间的角落处，既可除臭又能驱蚊。

*5* 在卫生间内点燃一根蜡烛或者几根火柴，同样可以起到改善室内空气的作用。

*6* 在卫生间喷洒少许空气清新剂，可以在短时间内保持空气清新。切勿为了除臭而往卫生间里喷洒香水。因为绝大部分香水中都含有从动物身体中提炼出来的香料，而它们会加重卫生间的臭味。

*7* 柠檬是最好的除臭剂，将柠檬切成片状，干燥后放入器皿中置于卫生间内，可以防霉除异味。注意不要直接将柠檬片放在陶瓷表面，以免留下印迹，不易清除。

# 告别细菌：去除生活用具异味的技巧

**1** 用木炭去除电冰箱里的异味。将装有两块碎木炭的容器，置于电冰箱的冷藏柜中，可消除电冰箱内的异味。

**2** 用柠檬汁去除电冰箱里的异味。将切开的柠檬或柠檬汁放入电冰箱中，即可去除电冰箱里的异味。

**3** 用干花茶去除电冰箱里的异味。往纱布袋中装入30～50克干花茶并包好，然后将其放入电冰箱里，即可去除电冰箱里的异味。

**4** 用麦饭石去除电冰箱里的异味。将装有适量麦饭石的纱布袋放入电冰箱里，即可把电冰箱里面的异味消除掉，每半个月将其取出来清洗1次，晾晒几天，便可反复使用。

**5** 用砂糖去除电冰箱里的异味。往电冰箱里面放入些许砂糖，也可去除电冰箱里的异味。

**6** 清除炊具的油漆味。炊具如果有一股油漆味，可把花椒放入水中煮沸，熬10～15分钟，再将炊具放入水中浸泡15分钟，最后用清水冲洗干净，就没有油漆味了。

**7** 去除微波炉里面的异味。用碗盛半碗清水，加入少许食醋，然后把碗放进微波炉里，调至高火加热。待清水沸腾后，不要急于取出，可利用开水散发的雾气来熏蒸微波炉，等碗中的水冷却后，将它取出，把微波炉插头拔掉，用一块干净的湿毛巾将炉腔四壁擦干净。这样，微波炉内的异味就能彻底清除了。

**8** 用肥皂水去除塑料容器中的异味。先在有异味的塑料容器中盛满肥皂水，然后加入少量的洗涤剂，浸泡2～3小时后洗净，异味即可消除。

**9** 用小苏打去除塑料容器中的异味。在1升的清水中放入1勺小苏打，然后将塑料容器浸入，再用干净的软布擦洗一遍，即可去除异味。

**10** 用茶水去除各种容器的异味。用刚泡好的热茶水（当天没喝完的剩余茶水亦可）浸泡有异味的容器约2小时，然后用茶水清洗一遍，再用清水冲洗干净，即可去除异味。

**11** 去除菜刀的葱蒜味。用盐末擦拭切过葱蒜的刀，气味即可去除。

**12** 防水壶产生霉味。将一块方糖放在水壶里，可防止水壶产生霉味。

**13** 去除水瓶中的异味。在水瓶中倒入少许芥末面并用水稀释，浸泡数小时后，刷洗干净即可。

**14** 消除水槽中的异味。水槽是家中产生异味的一个主要源头，还极易滋生细菌。去除水槽异味不宜用化学方法，因为餐具都要经过水槽清洗，清除异味最好用日常食用品。把醋和柠檬冻成的冰块放在水槽中融化能有效消除水槽异味，但需要注意的是醋和柠檬的配比，最佳配比是1∶8，可以再加一些水补充稀释，水量可根据冰格大小决定，但最多不能超过醋容量的3倍。

## 土法去除家具污渍1：巧除家具上的油污

1 沙发上的油渍可以用玉米粉去除。用一些玉米粉将污渍区盖满，15～20分钟后污渍已经被玉米粉吸收，此时用吸尘器将玉米粉吸走，随后用正常的流程清洗布料，即可去除油渍。

2 家具或者木器上不小心弄上了油污，可以先用茶水擦拭，然后用玉米粉擦拭，过一会儿将玉米粉擦净，油污就不见了。

3 用海绵蘸稀释过的醋来擦洗家具上的油污，再用湿抹布擦洗，最后用干抹布擦干即可。

## 土法去除家具污渍2：木质家具的清洗

1　沏一大杯浓茶，晾凉后用软布蘸着擦拭家具，由于茶水中的茶单宁不仅可以保护漆膜，还有助于将暗淡的漆面恢复到原来的光泽。如果有喝剩下的茶水也可以直接拿来用而不用重新沏，还可以用淘米水或稀释过的醋来代替，这些都能使木质家具更有光泽。

2　用一块干净的毛巾，蘸上一些牛奶，擦拭木制家具，等污渍去除之后，再用清水擦拭一遍，这样可以让木制家具看上去更加光洁明亮。

3　在清洁原木家具时，要将水先喷在家具表面，再用干布抹干，这样家具就能焕然一新了。如果原木家具表面有刮痕的话，可先用鱼肝油涂抹，一天之后再用湿布擦拭，这样能有效去除刮痕。

4　先用核桃仁擦拭木家具上有划痕的地方，再用手指来回擦拭这些地方，让油浸进去。约5分钟后，用软布轻擦这块区域，划痕就消失了。

# 土法去除家具污渍3：布艺沙发的清洁方法

1 布艺沙发的扶手、坐垫易脏，可在上面放上沙发巾。布沙发表面易积灰，所以定期用吸尘器等工具除尘是不可避免的，若能每周进行一次最好。沙发的扶手、靠背和缝隙也必须顾及，也可用毛巾擦拭，但在用吸尘器时，不要用吸刷，以防破坏纺织布上的织线而使布变得蓬松，更要避免用特大吸力来吸，此举可能导致织线被扯断，不妨考虑用小的吸尘器来清洁布艺沙发。

2 不能拆的布艺沙发的清洗：
清洁灰尘：先用吸尘器吸净沙发表面灰尘，再用毛巾轻轻擦拭，万不可大量用水擦洗，以免沙发里面受潮、变形和沙发布缩水。
　　咖啡等有色饮料的清洁：如果咖啡等饮料滴到沙发布套上，要马上用毛巾蘸温水将饮料从沙发布面上吸出来，越快处理越好。
　　表面带绒的布艺沙发清洗：用干净毛刷蘸少许稀释的酒精扫刷一遍，再用吹风机吹干。
　　果汁污渍的清洁：如遇上果汁污渍，将苏打粉与清水调匀，用布沾上擦抹，即可清除污渍。

3 刚买回的新沙发可喷上布面保洁剂，以防止脏污或油水吸附。

4 布艺沙发宜选择可拆卸外套式的，或另做一个沙发套套上。洗涤时须严格按照布料要求清洗，不好洗的可定期送干洗店清洗。一些弹性外罩应免熨，如果要熨，要在考虑布料磨损情况后，在罩内熨烫。

## 不用大动干戈：地毯污渍巧清洗

1 牛奶、冰淇淋等乳脂类物质沾到了地毯上，宜先用温水加洗涤剂来洗刷，然后涂上专门的挥发性去油剂，油脂即可被清除。

2 地毯沾上番茄酱或者果汁等黏稠物，宜先用吸水性较强的纸巾把污渍吸掉，然后用毛刷反复洗刷干净即可。

3 地毯洒上茶水、咖啡或者酱油等，可以先用干布吸干，然后用湿布反复擦洗即可。

4 如果有顽固污渍，可以用地毯喷雾剂喷射污渍，待污物变成粉状后，用吸尘器将其吸干净即可。

5 饼干屑或者其他碎屑物掉落在地毯上，可直接用吸尘器除去。地毯清洁剂也是不错的选择，可以选购一些专用的配套的地毯清洁剂，对着污渍污垢轻轻一喷，再用毛巾擦拭即可。

6 地毯清洗在于平时多打理，如果平时经常用吸尘器打理，多注意保养，地毯自然就会干净。

# 正确姿势：去除玻璃上污渍的方法

1 清洁凹凸不平的玻璃。可以先用牙刷将窗沿及玻璃凹处的污垢清除掉，再用抹布或海绵将污垢去除，然后蘸些清洁剂擦洗。当玻璃与抹布之间发出了清脆的响声时，表示玻璃已经干净了。用清洁剂在整块玻璃上画一个"×"，然后用抹布去擦，即可很容易将玻璃擦干净。

2 用醋擦玻璃。擦玻璃前，用干净的抹布蘸适量食醋，然后用它反复擦拭玻璃，可使玻璃明亮光洁。

3 用白酒擦玻璃。擦玻璃前，先用湿布将玻璃擦一遍，然后用湿布蘸些白酒，稍稍用力擦拭玻璃，即可使玻璃光洁如新。

4 用啤酒擦玻璃。用抹布蘸上些啤酒，把玻璃里外擦一遍，再用干净的抹布擦一遍，即可把玻璃擦得十分明亮。

5 用洋葱或大葱擦玻璃。取适量洋葱或大葱，将其切成两半，然后用切面来擦拭玻璃表面，趁汁液还没干的时候，迅速用干布擦拭，可使玻璃光洁发亮。

**6** 用牙膏擦玻璃。使用时间久了，玻璃容易发黑。此时可在玻璃上涂适量牙膏，然后用湿抹布反复擦拭，可使玻璃清洁光亮。

**7** 用煤油擦玻璃。在擦玻璃前，先往玻璃上涂些煤油，然后用棉布或百洁布来擦，不仅能使玻璃光洁无比，而且能防雨天水渍。

**8** 用烟丝擦玻璃。用香烟里的烟丝来擦挡风玻璃或玻璃窗，不仅除污的效果非常好，而且能使玻璃明亮如新。

**9** 去除玻璃上的霜。若挡风玻璃或玻璃窗上的霜比较厚，可往盐水中加少许明矾，用它来擦玻璃，除霜效果极佳。

# 干净又便捷：清洗纱窗的方法

1 湿毛巾法。首先将纱窗轻轻地取下来，然后将湿毛巾蘸上洗洁精，对纱窗用力地擦拭。

2 报纸法。将废旧的报纸覆盖在纱窗上，用少许水轻轻打湿，然后将报纸揭下来，再换上一层干净的报纸，重复之前的做法，这样连续做几次，就基本上干净了。之后放在水管下面冲洗就会非常干净。

3 吸尘器法。可将纱窗平放在地面上，然后用吸尘器慢慢吸去污物，再用清水冲洗干净。亦可用湿海绵擦拭，除灰尘效果也很好。

4 喷雾法。用适量花露水、食用碱和水制成清洗液，倒进喷壶里，摇匀之后喷到纱窗上，再拿抹布把纱窗表面擦拭一下，纱窗即刻干净。还有另一种自制清洗液的方法：将2勺白酒、2勺白醋、1勺洗衣粉、1勺小苏打和适量水混合均匀，即可制成清洗液。

5 清洗有油垢的纱窗——直接法。在清洗的时候，首先拿软刷子将纱窗刷洗干净，之后用湿海绵擦拭，按从上到下、从左到右的顺序擦拭。等到基本擦拭干净的时候，再用干净的干抹布把它擦干，避免在湿的情况下又沾染更多的灰尘。

**6** 清洗有油垢的纱窗——面粉法。如果油垢比较厚重，那么可以用面粉混合开水，再加入洗衣粉搅匀制成面糊，之后用刷子将调制好的面糊刷在纱窗上。等到它完全变干之后，纱窗上面沾满油垢的面粉就会慢慢脱落下来，这样就可以将油垢清除干净了。

**7** 清洗有油垢的纱窗——西瓜皮法。西瓜皮是常见的厨余垃圾，令人意想不到的是，用西瓜皮擦拭油污也可起到较好的去污效果。这样不仅方便，还非常省时间，并且对于大大小小的油污很有作用。经常擦拭的纱窗会像新的一样干净。

# 旧墙翻新：清洁墙壁的技巧

1 若墙壁已脏污得非常严重，可以在墙壁上垫张沾满钙粉或滑石粉的吸水纸，再用熨斗熨一下。也可使用石膏或沉淀性钙粉，沾在布上摩擦，或者用细砂纸来轻擦，即可去除脏污。

2 挤些牙膏在湿布上，可将墙上的彩色蜡笔和铅笔的笔迹擦掉。

3 布质、纸质壁纸上的污点，不能用水来洗，可用橡皮来擦。

4 若塑料壁纸上面沾了污迹，可喷洒一些清洁剂，然后用拧干的湿抹布反复擦拭，即可面目一新。

5 高处的墙面，可以用T形拖把来清洁，夹块抹布在拖把上，再蘸些清洁剂，用力推动拖把，当抹布脏后，拆下来洗干净，再擦，反复几次，即可将墙壁彻底擦洗干净。低处的墙面，可以喷一些去渍剂，然后贴上白纸，约30分钟后，即可将墙面擦拭干净。

## 省力又干净：清洁地板

**1** 比较难清洁的瓷砖缝，可先喷一些清洁剂，然后用废旧的牙刷来刷洗。长期受油污的侵蚀，地板缝会形成一条条的小黑线，先用清洁剂沿着砖缝涂一遍，几分钟后，再用小刷子将其刷洗干净，最后用拖把擦洗即可。若不喜欢用完清洁剂后滑溜溜的感觉，可以用滴有少许醋的拖把擦洗地板。

**2** 去除地板上蛋液的方法。可撒少量食盐在蛋液污渍上，约10分钟后轻轻一擦，即可干净如初。

**3** 去除地板上口香糖的方法。可用一根小木棍包上布、蘸点洗涤液来擦拭，在擦的时候切勿用力过猛，只需轻轻擦拭即可；或可先用竹片将口香糖轻轻地刮除（千万不要用刀片刮），然后用一块蘸有煤油的布擦拭（若怕油漆脱落，可用洗涤剂擦拭）。

**4** 去除地板上的乳胶。在抹布上蘸点醋，轻轻地擦拭地板上有乳胶的地方，可轻松地将乳胶去除。

5　清洁塑胶地板。应选择柔和的中性清洁剂配合温水擦拭塑胶地板，并尽快用干布擦干。若不小心洒上墨水、油类等，要及时处理干净，日常清洗可用肥皂水或洗衣粉水去除污迹。要注意的是，用水清洁塑胶地板的时候，易使水分及清洁剂跟塑胶起化学反应，而使地板面翘起或脱胶。因此，应将其尽快擦干。

6　去除木质地板污迹。将喝剩的浓茶水用抹布蘸着来擦地板；将漂白粉与松节油以1∶1的比例兑成溶液来擦地板；放一张蜡纸在拖布下，然后轻轻地来回拖洗木质地板；在拖布上滴几滴色拉油，然后用其来擦地板，可将地板擦得非常光亮；若地板上染有顽固性的污渍，可以用钢丝球轻轻地擦除。

7　去除大理石地板污迹。大理石地板的防侵蚀、防污性特别差，一旦其表面沾上了污迹，应马上用稀释后的清洁剂反复擦拭地板，即可去除污迹。千万不能用苏打粉或肥皂等清洗。

# 去除隐藏的污垢：清洗洗衣机的小窍门

**1** 用小苏打清洗。只需要按照正常洗涤程序启动洗衣机，让洗衣机加满水，然后将调好的苏打水倒进去，这样等洗衣机运行结束后，许多污垢都会被清除干净。若是担心洗得不够干净，可在苏打水中加一些醋，这样洗完会更干净，而且洗衣机里的异味也消失了。

**2** 用过氧化氢清洗。过氧化氢不但可以把洗衣机洗干净，而且有消毒作用。启动洗衣机后，加入洗衣液，再倒入一些过氧化氢，让洗衣机运行半小时。接着把洗衣机调成暂停状态，泡2小时左右，这样可以有更好的清洁效果和消毒作用。2小时后再启动洗衣机，让洗衣机按照正常程序运行一遍即可。

**3** 用专用清洁剂清洗。现在有很多专门供清洗洗衣机用的清洁剂，也有很好的清洁效果，而且能消毒。可以直接把清洁剂倒进洗衣机，让洗衣机运转半小时。也可以在清洁剂中加一些除垢剂，效果会更好。只需要把清洁剂倒在盆子中，加入除垢剂，再加清水调匀，然后倒入洗衣机，让洗衣机按照正常的洗衣程序运行一遍即可。

**4** 用白醋清洗。家里食用的白醋也可以用来清洁洗衣机。将约200ml醋倒在盆中，加些清水，将毛巾泡在盆里。接着将毛巾取出放到洗衣机中，开启脱水模式，这样洗衣机的各个地方就都能沾到醋，可以更好地消毒。脱水模式运行完毕后，往洗衣机中倒入剩余的醋水溶液和一些热水，接着启动洗衣机洗衣程序，这样可以轻松地把污垢洗干净。

# 有灰尘别乱擦：电视机屏幕的清洁

1　在清洁电视机屏幕时，不要用鸡毛掸子或丝质物来清洁屏幕，因为它们与屏幕上的玻璃摩擦后，会有电荷产生，会使上面的灰尘、丝毛等附在屏幕上，适得其反。

2　不能使用清水清洁，因为液体极易浸入液晶电视内部，这样会造成设备电路短路。通常酒精可以溶解一些不容易擦去的污垢，可以用酒精来清洁电视机外壳，但一定不要用酒精来清洁液晶屏幕，因为使用酒精擦拭液晶屏幕，就会使液晶屏幕表面特殊的涂层溶解，对显示效果造成不良影响。

3　在清洁液晶屏幕表面污垢时，可以往液晶专用擦拭布上喷上适量无离子水，再去擦拭，就可以既让污渍无痕迹又不会擦伤液晶屏幕。

4　液晶屏幕的表面看似一块坚固的黑色屏幕，其实厂商在这层屏幕上都会加上一层特殊的涂层。这层特殊涂层的主要功能就在于防止使用者在使用时受到其他光源的反光以及炫光的影响，同时加强液晶屏幕本身的色彩对比效果。不过因为各厂商所使用的这层镀膜材料不尽相同，所以它的耐久程度也会有所差异。因此，使用者在清洁时，千万不可随意用任何碱性溶液或化学溶液擦拭屏幕表面。

# 90%的人不知道：清洁开关和插座的小窍门

1 橡皮清洁开关和插座。电灯开关经过不断地开与关后会留下手印或者其他污渍，擦拭时不要直接用清水或者湿布，因为不小心的话会有水或者潮气进入开关内，会对里面的零件产生不利影响。最好的方法就是用橡皮来擦，很容易就能擦干净。插座脏了的话，多数都是灰尘，只有少量的污渍，可先把电源拔下来，再用软布蘸少许的去污粉来擦拭或者用湿布擦拭，很容易就能擦干净了，然后拿到通风处晾干即可。

2 牙膏清洁开关和插座。牙膏的清洁功能十分强大，用途十分广泛。同时，牙膏不会导电，安全系数比较高。而废旧牙刷配合牙膏使用，更加方便清洁插座上的污垢。牙刷柄有长度，也更加提高了安全度。相比用湿抹布擦洗，用牙刷配合牙膏清洗避免了直接接触插座，更加方便有效。最后，用干抹布把残留牙膏擦干净就行了。

# 不能忽视：毛巾的消毒方法

1　开水消毒。个人专用的毛巾，用肥皂清洗干净后，放入锅中用开水煮沸12～15分钟，晾干后即可达到消毒的效果。

2　微波炉消毒。把毛巾的污渍洗去，用清水清洗干净后，折叠放入微波炉中，加热5分钟即可达到消毒的效果。

3　高压锅消毒。把毛巾放进高压锅中，持续加热半小时左右即可彻底消毒。

4　消毒剂和消毒设备杀菌。把毛巾浸泡在稀释之后的消毒剂中，大约浸泡15分钟之后，将它取出洗干净晾干就可以了。另外，市场上还有各种紫外线和臭氧消毒设备。紫外线、臭氧等对毛巾细菌和病毒具有出色的消毒效果，如果家中有，将毛巾放入灭菌器中，按照消毒说明操作即可。

## 去除顽固茶渍：清洁茶杯的诀窍

**1** 牙膏除茶垢。牙膏具有很好的清洁作用，有的牙膏里面还有小小的清洁颗粒，可以起到摩擦清洁的作用，既能轻松去除茶垢，又不会在茶杯上留下任何痕迹。一般直接把牙膏挤在牙刷上，或者把牙膏涂在茶杯内侧，然后用旧牙刷或抹布刷（擦）洗，就可以把茶垢清除得干干净净了。

**2** 小苏打除茶垢。在茶杯中加入足够量的小苏打，加热水浸泡一个晚上。第二天用杯刷或者牙刷刷洗杯子，就会发现顽固的茶垢很轻松地被清除干净了。

**3** 土豆皮除茶垢。土豆皮中含有大量的淀粉，这些淀粉具有很强的吸附力，能够有效去除茶垢。往装有土豆皮的容器里面加温水，然后倒进杯子里，静置半小时后倒出土豆皮和水，可以发现杯子上的茶垢减少了很多，再用杯刷刷洗就干净了。

**4** 盐或者醋除茶垢。用海绵蘸上盐（可选用粗盐）摩擦杯子上的茶垢，即可去除掉。还可将茶杯用醋浸泡，或者浸泡于漂白剂或清洁剂溶液中，并放置一晚，再清洗就可去掉茶垢。

## 延长使用寿命：家具防蛀的技巧

1 硼酸、硼砂防蛀法。对未做家具前的木材，可用硼砂、硼酸各5克，加30毫升水，待其充分溶解后，涂刷在木材上（需涂数遍），使汁液完全渗入木质里，待晾干后用其来做家具，既可杀虫，又可防虫。

2 盐水防蛀法。常用浓盐水擦拭家具表面，能有效地防止虫蛀。

3 涂柴油除蛀虫法。当发现家具有蛀虫时，涂上少许柴油，即可将蛀虫杀死。

4 敌敌畏除蛀虫法。用敌敌畏、煤油混合药液、滴滴涕按照1：94：5的比例配制成药液，或者用煤油配制成浓度为2%～5%的敌敌畏药液，涂刷家具3～4遍。若虫洞比较大，可用脱脂棉蘸药液将其堵住。还可用敌敌畏和水以1：5的比例配成药液，喷洒在家具内，连续喷3～5次，8小时后，可杀死全部蛀虫。

## 看我怎么灭了你：驱除室内昆虫

1 蛋壳除虫法。鼻涕虫在居室中比较常见，可将蛋壳晾干研碎，撒在墙根、厨房、菜窖或下水道周围，鼻涕虫就不会再来了。

2 漂白粉除虫法。在跳蚤、蟑螂常出没的地方，撒上些漂白粉，可消灭跳蚤、蟑螂等害虫。

3 柠檬除虫法。将柠檬榨成汁，撒在室内，不仅可驱逐苍蝇、蟑螂，还可让室内有一股清香味。

第二章

居家妙招

CHAPTER 2

　　"如果你觉得房间太乱却又懒得收拾，那就跟自己说去读书吧，然后你就会想去收拾房间了。"

## 衣橱整理大作战1：巧妙分割衣柜空间

1 衣物的摆放要遵循上轻下重的原则，衣物的取用与收纳要符合人体工程学。

2 上层区因太高而不方便整理和拿取，所以可以存放一些使用频率低的被褥床品、过季衣物等。

3 中层区高度适宜，是生活中使用频率最高的区域，多为挂件。可根据下层区的布置对中层区进行长短分区，合理利用空间。

4 下层区高度较低，需要下蹲、弯腰等动作来进行日常拿取和收纳，所以可存放一些不太常用的物品。可以将下层区设计成阶梯式，以便与中层区悬挂的不同长短的衣物完美契合。

5 有些衣柜的格子很大而且很深，将衣物叠放进去不容易摆放，也不容易取出。可以根据格子的深度买一些长方体的储物箱和物料筐，将衣物放入筐内，再将箱或筐整齐地码放在衣柜格子里。取东西的时候，直接将箱或筐拉出来，既不会碰乱旁边的衣物，又能将衣柜的每一处空间都利用起来。

## 衣橱整理大作战2：充分利用衣柜门后的空间

1 单门衣柜的背后若能充分利用起来，收纳量将比传统衣柜多出一倍。配置收纳袋，利用它特有的多格设计可以满足你的存储需求。将衣柜门后的空间再利用可以分类存放更多物品。

2 单只粘钩的价格便宜，超市或大型卖场都能找到。其用于收纳的话，灵活度极高，且易于使用，可以用在衣柜侧面等地方，提高空间边角的利用率，是家居收纳的得力助手。

3 腰带、项链、围巾等饰品可以运用隐藏式的存储方法，而不一定占用衣柜的空间，将长形的衣架安装在墙面与衣柜的缝隙中即可。你是不是已经遗忘了这些角落？那还不快点去开发家里其他边角里的存储空间。

## 衣橱整理大作战3：扩大衣柜的空间

立式衣柜的空间很大，如果利用不当，就会出现挂不了几件衣服就感觉放满了的现象，而且看起来还十分凌乱。

1　在挂衣服的时候，将长款衣服和短款衣服分开来挂，这样短款衣服下方的空间就被空出来了。

2　可以将鞋盒和放有衣物的收纳箱放在里面，使整个衣柜看上去既充实又整齐。

3　一些狭隘的内里空间可以利用窄柜进行收纳，以存放一些小物品。在衣柜安装能够调节每层高度的隔板，可以根据自己的需求安排不同的存储类别。

4　想让抽屉里的有限空间变得美观，并存放更多物品，可以选择单元格用于专门存放一些常用的小东西，如饰品或领带，便于分类管理。市面上有各种不同尺寸的单元格可供选择。

# 不再乱糟糟：卧室收纳小窍门

1 床底空间的利用。最好选用下面有存储空间的床具。将床板掀起来或将床下的储物屉（箱）拉出来，可以将棉被、厚衣物、旅行箱等占地方的物品放在里面，再在里面放入几颗樟脑丸以预防虫蛀。这样既能将物品收纳整齐，又能节省空间。

2 床头柜空间的利用。床头柜是卧室中必不可少的家具。台灯、闹钟、相框等小物品都会摆放在上面。床头柜应该收纳常用物品或应急用品。桌面一般为美化环境所用，常摆放些插花、灯具、手机等。抽屉里一般放置药物、体温计、常看的书籍等。最下面的柜子则可以放置一些贵重物品。

3 衣柜顶部空间的利用。衣柜与房顶之间的空间也要善于利用起来。由于衣柜较高，可以将平时用不上但又舍不得丢弃的东西放在储物箱里，密封好后在表面上贴上标签，注明物品明细，然后统一码放在柜顶上。

4 床头墙壁空间的利用。在床头两侧安装两个壁灯，可以节省床头柜的空间。在床头上方安装一块隔板，可以放置相框、闹钟、小摆件、手机等小物品。

## 姑娘请收下我的膝盖：化妆用品的收纳

女士用的化妆品、保养品、发饰等小物品很多，往往收起来了，却又找不到。先将所有的小物品都拿出来，然后按照化妆、保养、梳妆用品分类。

**1** 管状物品收纳盒。像口红、睫毛膏、眼线笔等这类管状物，尤其是圆柱体的，放不好就会到处滚，找起来特别麻烦，且影响美观，不如将它们收纳在盒子里，就不会到处乱跑了。

**2** 简单的塑料透明收纳格。可以将眼线笔、唇线笔等不同种类的用品分开放，甚至连口红的质地和色系都可以区分。透明的设计一目了然，找东西十分方便，性价比很高。而且因为是透明的，放在哪里都会显得很干净整齐，也可以充分展示一些口红漂亮的外壳设计。买一套组合收纳格放在梳妆台上或抽屉里，你也可以拥有ins风化妆台。

**3** 多格的编织收纳桶。特别适合用来放一些唇釉、眉笔、唇线笔等这类长管产品，而且这种大容量的设计比较随意，不需要"一个萝卜一个坑"的摆放。一些设计比较独特的产品可能是不规则的形状，放在这样的收纳桶里就不必担心出现放不进去或者立不住的情况。

**4** 化妆刷收纳。动辄几百元一支的化妆刷也要好好保护才行，如果随便放在化妆包里，刷头很容易弄脏或变形。找一个透明的宽口器皿，里面放一些珍珠饰品或玻璃珠，刷子就可以插在里面，不会东倒西歪。

**5** 眼影、高光、腮红收纳。盒装的眼影、高光、腮红，形状各异，很难叠放在一起，平铺的话地方又不够大，镂空收纳篮或许是它们的好去处。

## 换季来啦：被褥的收纳方法

1 羽绒被、蚕丝被不能抽真空。这些被子本来就比较蓬松，被压缩后，会引起纤维断裂。等来年再拿出来时，蓬松度会大打折扣，保暖能力也会远不及之前。这两种被子比较娇气，也比较怕尖锐的物品，所以最好使用带有支撑力度的干燥箱子或者盒子来收纳。

2 九孔被、七孔被等，都属于化纤被。虽然比较占地方，但不怕太阳晒，也不怕挤压和受潮，用真空压缩袋来收纳也无妨，储藏起来还是比较方便的。

3 羊毛被也可以使用真空压缩袋进行压缩储存，但放入被子时最好保持被子平整。羊毛被也可以用无纺布盒进行收纳，这种收纳盒的特点是通风且防霉，在盒子里放几颗樟脑丸就更加完美了。

4 就质地来说，棉被并不娇贵，可以说它非常坚强，不仅经得起曝晒，而且对于收纳的环境要求并不高，只要干燥、无虫即可。棉被不怕挤压，用真空压缩袋来收藏会非常节省空间。

## 再也不用到处塞1：衣物整理法

**1** 归零法。清空衣柜，把所有的衣物都整理出来，放在沙发上、床上，总之尽可能平摊出所有的衣物，以方便重新归类整理。

**2** 归类法。先大致分类，可准备三个箱子，按照保留、修补、捐赠三种分箱方式进行粗略分类、整理装箱。这样筛选下来，就会减少许多衣物的整理工作。再按照季节、类型、性别、年龄将衣物整理折叠归类。

**3** 去留法。会穿的衣服保留：我一年会穿它几次？（一次的，请放弃）；它现在是否合身？（合身，保留）；它需要清洗或修补吗？（需要，放入待修补箱）；这个季节穿它会不会很土？（是，放弃）。

**4** 不同衣物分类别存放。春天的外套，夏天的裙装都尽可能挂起来；夏天的T恤叠起来收纳；冬天的棉衣，厚重的衣服暂时放在衣柜底部，毛衣叠好或卷好放在抽屉里；牛仔裤叠起来，比挂起来更合适；外套和夹克最好挂放在单独的壁橱里；秋冬用到的围巾、帽子等放在靠近衣柜门的位置。

# 再也不用到处塞2：叠衣有技巧

**1** 叠T恤的方法。根据收纳衣物的格子尺寸剪一块稍小的硬纸板。将T恤背面朝上，把硬纸板放在衣身的中间。根据纸板的大小，将衣袖两边向中间折叠，抽出硬纸板，再将衣摆向上对折即可。

**2** 叠衬衫的方法。将衬衫前两颗纽扣扣上，背面朝上铺好，将前襟和后背的褶皱抻平，将硬纸板放在衬衫中间，按照硬纸板的宽度，将衣袖向中间折好，然后将下摆向上对折。将折好的衬衫翻过来，取出硬纸板，在领口处可填充没用的布团，使衣领挺立起来即可。

**3** 叠内衣的方法。如果折叠不当，内衣很容易变形，缩短穿戴寿命。折叠内衣时，要将后面的挂钩按层次全部勾起来，然后将内衣从中间对折，将一边的罩杯藏进另一边中，将肩带套在手背上，顺势套住叠扣在一起的罩杯，使两个罩杯紧密重叠在一起，收纳时才不容易散开。

**4** 叠长裤的方法。与西服成套的西装裤最好用带夹子的衣挂夹住裤脚，倒挂在衣柜里收纳。这样可以保持裤子挺括，没有褶皱。叠长裤时可将一条裤腿按中线对折，另一条按裤线对折，然后将按裤线折的裤腿放在按中线折的裤腿的中间，再将两条裤腿以膝盖部分为中线对折，使它们相互重叠，成为一体即可。

## 再也不担心没地方放鞋：靴子的收纳方法

1 靴子买回来后不要将鞋盒丢掉，放在床下或柜子里面，等到不穿的时候将靴子装回盒子内，继续摆放在床下或柜子里面，这既能保养鞋子，又能节省空间。

2 如果没有鞋盒，可以在衣柜深处系根绳子，在上面夹上小夹子，然后将靴子一只一只夹在上面挂起来。

3 收纳长筒靴时，最好在靴子里填充废纸团，让靴筒保持挺立不变形。

# 玩具多到崩溃：儿童玩具的收纳

**1** 儿童卧房内常会堆积大量被孩子丢得到处都是的玩具，最好在房间内准备两个玩具收纳箱，收纳时只要将玩具放进箱子里，再把收纳箱放在房间一角即可，方便孩子随时拿取。

**2** 把握玩具的总量。把所有玩具集中到一处，估计它们的总量，对它们所需的收纳用具的容量有一个整体认识。

**3** 选择可减少动作次数的收纳用具。如果收放时比较复杂费力的话，孩子就无法自己整理了。所以，应尽量选择方便拿取的抽屉、盒子、箱子等，并对这些收纳用具的配置进行规划。

**4** 找出"还能玩的玩具"和"已经不用了的玩具"。由孩子本人来给玩具分类，把玩具一个一个拿在手里，让孩子区分哪些是"还能玩的玩具"，哪些是"已经不用了的玩具"，把其中已经完全没用了的玩具挑出来。如果孩子在甄别某个玩具时犹豫不决，可以说一句"这个可以留下来"来帮助他做出决定。

## 整洁又宽敞：卫生间收纳小窍门

1 浴室墙壁空间的利用。一般家庭的浴室都较小，在墙壁上安装毛巾杆，可以把毛巾、浴巾、浴帽等用品挂在上面；在墙壁上粘几个吸盘式挂钩，可以把吹风机挂在上面。

2 用镜柜代替镜子。将盥洗池前的镜子替换成镜柜，将洗漱和清洁用品放入镜柜内，使用时打开柜子就能拿到，节省空间，既实用又方便。

3 洗涤用品的收纳。已开封的洗涤用品要放在洗衣机附近，最好在洗衣机上方安装一块隔板，将洗涤用品摆放在上面。

4 纸巾的收纳。在离马桶较近的地方安置一个卫生纸盒，将卷轴式卫生纸放在里面，既容易拿取又可以防潮。女士用的卫生巾比较小巧，可以将空纸巾盒比较窄的一个侧面剪掉，用漂亮的包装纸装饰一下，再用双面胶粘贴在墙壁上，就可以将卫生巾整齐地码放在里面了。

5 善用卫生间的墙角。在墙角安置两层扇形的隔板，可以将日常洗漱用品摆放在上面。墙角还可以放置脏衣篓，将换下来的脏衣服放在里面，清洗时拿取方便且不占地方。

6 在卫生间安装吊柜。卫生间上面的空间往往会被忽略。可以在盥洗台的上方安装一组吊柜，将洗发水、牙膏、牙刷、毛巾等常用的盥洗用品和一些暂时不用的洗涤用品存放在里面，这样既整齐又节省空间。

## 颜色有讲究1：选择合适的居室配色

1 客厅。客厅应该简洁大方，色调以优雅淡逸为宜，可以选择鹅黄、淡绿色，使客厅看起来更加宽敞、舒适。

2 书房。书房最好选用灰绿色或淡蓝色，给人以清新、明亮之感，因为过暖、过杂的色调容易使人产生疲劳、困倦感。

3 卧室。以暖色调为最佳，例如橙色、黄色等。在气候温热的南方，宜选用苹果绿，以节能灯或日光灯作为配套照明设施；在气温较低的北方，则宜选用浅粉或浅杏黄色，以白炽灯作为配套照明设施。

## 颜色有讲究2：暗厅变亮法

1 用人工光源补充光线。在立体空间中，光源塑造出的层次感耐人寻味。比如曝光灯这类光源若射到墙壁或天花板上，效果会非常奇特。如将射灯的光打到浅色画面上，效果也很好。

2 把色彩基调统一起来。色调阴暗沉闷对于暗厅布置是大忌。异类的色块由于空间的局限性，会破坏整体的温馨与柔和。装修时可以选用亚光漆或枫木、白桦饰面的家具，以及浅米黄色的柔丝光面砖。在不破坏氛围的前提下，选用浅蓝色墙面能够改变暖色调的沉闷感，从而可较好地调节光线。地面材料要尽量选用浅色调，这样可增加客厅的亮度。

3 扩大活动空间。要根据客厅大小设计家具尺寸，尽量不要在厅内放置高大家具。可定做一组浅色调壁柜，为节省空间，厚度不宜厚。如此设计，视觉上看起来简洁清爽，厅内自然光亮。除此之外，一切死角都要充分利用，并保持整体基调的一致性。

# 软装改造：打造居室开阔空间

1 选用组合家具。和其他类型的家具相比，组合家具在储放大量实物的同时还能节省空间。家具的颜色若与墙壁表面的色彩一致，还能增强居室空间的开阔感。家具宜选用折叠式、多功能式，或者低矮的，或将房间家具的整体比例适当缩小，这些方式在视觉上都有扩大空间的功效。

2 利用配色。装饰色以白色为主，天花板、墙壁、家具甚至窗帘等都可选用白色系，在白色窗帘上可稍加一些淡色花纹点缀，因为浅色调能让人产生良好的开阔感。其他生活用品也宜选用浅色调，这样能最大限度发挥出浅色调的优势。在此主色调基础上，选用适量的鲜绿色、鲜黄色，能使这种开阔感效果更为理想。

3 利用镜子。房间内的间隔可选用镜屏风，这样屏风的两面都能反射光线，可增强开阔感。将一面大小合适的镜子安挂在室内面向窗户的那面墙上，不但可通过反射光线增强室内明亮感，而且给人以两扇窗的错觉，使开阔感大增。

4 利用照明。虽然间接照明不够明亮，但也可以增强开阔感。阴暗部分甚至会给人以另有空间的想象。

5 室内布置整齐可增强开阔感。利用柜子将杂乱的物件收纳起来，装饰色彩主次分明，这样房间看起来就会宽敞得多。

## 学习工作两不误：书房布置技巧

1 书房布置要清净雅洁、光线充足，家具简洁实用，一般包括书柜、写字台、沙发等。如果书房给人的感觉很压抑，那么会对学习和看书时的心态造成不良影响。

2 书房面积比较大的话，建议选择实木书柜，因为实木书柜显得较为厚重，且看起来比较整齐，有档次，可以很好地彰显书香气息。

3 书房如果是中等面积，较宜选择欧式的书房家具，这样会显得房间比较宽大，在里面学习和工作会很舒适。

4 面积较小的书房，适合选择白色的休闲家具，这会营造一种干净整洁的效果，也会显得书房空间大一些。小书房适合选择转角的书桌，这样可以节约空间。建议大家买板木结合一类的转角书桌，样式会较多一些。

5 书桌的摆放比较讲究，书桌摆放的位置不宜太靠近窗户，因为阳光直射对看书和写字会有影响。晚上宜选白炽灯照明，有利于保护视力。

6 书柜的尺寸要适中，不要把整个书房的墙壁都占满，这样乍一看会显得比较乱和压抑。建议买直角的书柜，这样看起来更漂亮，特别是对着门摆放时，直角书柜的效果更好。沙发适合摆在书柜附近，最好对着窗户，以便于休息时抬头远眺，消除眼睛的疲劳。

# 让你倒头就睡：卧室布置技巧

**1** 床铺不宜与门相对，要尽量避免开门即见床。门的正对面通常宜放置一些低矮家具。

**2** 高大的衣柜不应靠近门窗，要置于墙边或墙角，以免阻挡室外光线，或影响人的活动空间。

**3** 衣柜一般不宜与门相对。室内光线充足的，带玻璃或镜子的家具不宜与窗户相对，否则反光会过于强烈。家具上若带有大面积的镜子，不宜与床铺正对摆放。

**4** 两件家具若体积相似，不宜并排摆放，否则易给人一种沉闷单调和不舒服的感觉。

**5** 床的色调应是卧室的主体色调，家具、灯具、床单、毛毯等的色调要与之相同或相近，这样整个卧室才会和谐统一。卧室较狭小的，可以采用一些措施来扩大视觉空间，比如布置大幅风景画、大挂镜等。

**6** 床铺高度不宜过高，也不能过低。一般情况下，根据国人的平均身高，床面与地面的距离以不高于45厘米为宜。

**7** 卧室布置应当综合考虑卧室自身的功能需要，以及住户的经济条件、个人爱好等具体情况。

## 布局超顺手：厨房布置技巧

**1** 一字形与L形布局最合理。 在小户型厨房的设计中，最合理的布局是一字形与L形。一字形布局是指水槽、操作台和灶台的位置连成一条直线，呈一字形。L形布局是指水槽、操作台和灶台的位置呈现L形。一字形布局适合于长宽比较大的厨房，L形布局适合于长宽比较小的厨房。

**2** 浅色、暖色调最合适。厨房的空间相对较小，为了在视觉上不那么压抑，在色彩方面应以暖色调、浅色调为主，如白色、浅灰色或明亮的奶黄色等。浅色调有扩大空间感的效果，能够使厨房空间看起来更开阔。

**3** 巧用卷帘助隐藏。厨房里瓶瓶罐罐多，摆放在料理台上不太美观，若都放入橱柜里，取用时又不方便。所以，在做橱柜时，可留出一点空间做个卷帘，在里面摆放一些常用物品。需要用时，拉起卷帘就可以拿；不用时，放下卷帘就可以挡住，实用又美观。

**4** 多装置物架助收纳。随着入住时间的增加，不管厨房有多大空间，总有一些多余的餐具需要收纳，为了避免后续收纳空间不够用，可以在墙面上多装几层收纳置物架以扩大厨房的收纳空间，这样方便根据需要摆放各种常用厨房用品。

**5** 安装双水槽，可以分类使用，利于后续的清洗，放置食材也更方便。有条件的话，还应安装净水器，不仅能有效滤除自来水里的细菌、病毒及重金属，还可让水的口感更佳。

**6** 碗橱宜选用悬挂柜、多用橱柜等，不仅节省空间，还能贮存大量的炊具、餐具和食材，从而使厨房显得整洁。

**7** 不要把燃气灶安放在窗户下面，以免风吹灭炉火，或把窗帘等刮到炉灶上。空出烤箱或燃气灶周围的台面，这样做美食时便于放置炒锅或盘子。

**8** 冰箱不能和炊具放在一起，否则，炊具的高温会使冰箱耗费更多电力来维持必要的温度。

**9** 微波炉应放置在干燥、通风、平稳、固定的平台上，应尽可能地远离热源和水源，以免影响其使用寿命。

## 居室夏日也清凉：物理降温法

1 夏季窗帘宜选用浅色调，若能在玻璃窗外粘贴一层白纸则更佳。

2 当西晒时，窗户可加挂一扇百叶窗，避免阳光直射进室内。

3 加强绿化，以调节居室周围的小气候。如在居室外墙上引种一些爬山虎，在居室周围种几棵白杨或藤蔓植物等，在开放式阳台上则可多养些盆栽花草。

4 在上午九十点至下午五六点这个时间段内尽可能地将门窗关闭，并拉上窗帘，以使屋内原有低温得以保持。

5 天气干热时，可往地面洒一些凉水，水在蒸发的过程中也能吸收热量。

# 别花了眼：挑家具的九个注意事项

**1** 家具材料要合理。不同的家具，表面用料是有区别的。如桌、椅、柜的腿子，要求用比较结实、能承重的硬杂木，而内部用料则可用其他材料；大衣柜腿的厚度要求达到2.5厘米，太厚就显得笨拙，薄了容易弯曲变形；厨房、卫生间的柜子不能用纤维板做，而要用三合板，因为纤维板遇水易膨胀、损坏；餐桌则应选择耐水洗的材质。

**2** 家具的材质要环保，没有刺激性气味。家庭常用的家具有实木家具、板式家具、藤艺和布艺家具等，无论是哪一种材质，首要保证的必须是健康环保。环保的家具是没有刺激性气味的，不刺激眼睛、鼻子、喉咙。如果一闻就发现气味刺鼻，可能是甲醛的含量较高。在购买时，一定要查看相关的质量检测报告和环保证书。

**3** 家具四脚要平整，家具结构要牢固。无论买什么家具，四脚平整是必须的，你可以摇一摇，或者坐上去试一试。如果发出声音，就要注意了，这样的家具可能不稳固。小件家具，如椅子、凳子、衣架等，在挑选时可以在地面上拖一拖，轻轻摇一摇，声音清脆，说明质量较好；如果声音发哑，有噼里啪啦的杂音，说明榫眼结合不严密，结构不牢。买柜式家具时，要注意检查抽屉和柜门，抽屉的分缝不能过大，要讲究横平竖直，柜门不能下垂。

**4** 贴面家具拼缝要严实。不论是贴木单板、PVC还是贴预油漆纸，都要注意家具表面是否平整，有无鼓包、起泡、拼缝不严等现象。

**5** 家具封边要平整。封边不平，说明内材湿，封边的耐久性较差。封边还应是圆角，不能是直棱直角。用木条封的边更容易发潮或崩裂。

**6** 油漆部分要光滑。家具的油漆部分要光滑平整，不起皱，没有疙瘩或掉漆等情况。边角部分以平滑过渡为佳，不能是直棱直角，因为直棱处易崩渣、掉漆。

**7** 配件安装要合理。检查门锁开关是否灵活；检查大柜的暗铰链是否足数，应该装3个暗铰链的地方只装2个就不行；检查螺丝是否足数，该装3个螺丝的地方若只装1～2个螺丝，就容易松垮。

**8** 沙发、软床要坐一坐。挑沙发、软床时，应注意表面要平整，而不能高低不平；软硬要均匀，而不能这块硬，那块软；软硬度要适中，既不能太硬也不能太软。

**9** 颜色要与室内装饰相协调。白色家具虽然漂亮，但时间久了容易变黄，而黑色家具时间长了易发灰，不要当时图漂亮，到最后弄得白的不白，黑的不黑。一般来说，仿红木色家具不易变色。一般情况下，淡颜色的家具适用于采光条件较差的房间，照明较好的房间宜选深颜色的家具，烘托出古朴、典雅的气氛。

# 坐着躺着都要舒适：沙发床的选购常识

1 结构牢固好用。坚固的框架是沙发床牢固耐用的基本保障。如果沙发床是木质框架，最好揭开底座衬布查看用料是否光洁，好的木框架应没有虫蛀、疤痕、糟朽的痕迹。沙发床的"变形"方式主要有翻转式和推拉式两种，不论哪种，都应手感顺畅，阻力适中，各个部分就位后稳定牢固。

2 尺寸科学舒适。沙发床座面的高度最好在35～42厘米之间，座位深度在48～55厘米之间较适宜，当后背尽量贴靠在沙发背上时，人的膝盖仍应该在座面之外。从地面算，沙发床靠背的高度应保持在68～72厘米之间，在这个范围内人体的舒适感是最好的。

3 弹簧床垫不宜太软。沙发床的弹簧床垫的质量和舒适性至关重要。触感软硬适中的床垫能均匀分散人体的重量，能加强对脊椎的支撑能力，有利于缓解身体疲劳。此外，良好的透气性也不可忽视，这有助于弹簧床垫保持较好的卫生状况。

4 面料缝纫看细节。大多数沙发床都是布艺面料，选购时最好挑选面料较厚实的沙发床，比较耐用。面料的经纬线应细致、严密、光滑，没有跳丝和接头外露的情况，相邻面料缝纫处的针脚以均匀、平直为佳。品质优良的面料色牢度很高，其抗静电、阻燃性能都较佳。

5 包布自然贴合。包布，也就是面料与内容物之间的贴合程度。好的包布是平整、挺括的，扶手与座面、靠背之间的过渡自然、流畅，没有褶皱。如果沙发床在设计上有一些带有弧形的位置，应仔细查看包布是否圆滑流畅，花色和条纹图案的拼接是否协调整齐。

## 不可辜负的用餐时光：如何选购合适的餐桌椅

**1** 红木餐桌椅凸显品位。如果你是个讲究生活品位的人，那纯正的红木餐桌椅应该是你的最佳选择。精雕细琢，造型考究，散发着古朴深沉的气息，拥有大家风范，这样一套餐桌椅绝对令人眼前一亮。即使是在时尚的现代家庭里，也一样适合。

**2** 藤艺桌椅贴近自然。如果你追求自然安逸，那么不饰雕琢的藤艺桌椅是个不错的选择，其质朴且彰显自我。它的造型给人以冲击力，桌腿或线条简单，或勾勒出随意的几何图形；椅背或是传统的直板型，或是符合人体工程学的流线型。

**3** 玻璃餐桌大胆前卫。玻璃餐桌相比传统木制餐桌，样式更大胆前卫，功能更趋于实用。相比木制餐桌，玻璃餐桌不会受室内空气湿度的影响而变形；相比布艺和皮质餐桌，玻璃餐桌更加容易清理，占用空间小；相比塑料餐桌，玻璃餐桌更安全环保，无污染、无辐射。玻璃餐桌造型上的简洁时尚和随性更是它较其他产品的优势所在。

**4** 大理石餐桌简约时尚。大理石桌面搭配皮革座椅，是有机与无机、柔软与坚硬的完美结合。大理石的冷酷，有皮革细腻的质感来温暖；皮革在棱角塑造上的缺陷，有大理石的笔挺来弥补。大理石的平滑和皮革所特有的光泽无不透露出高贵的气质。木质的桌身和金属椅腿则使得整套餐桌椅不至显得过于厚重。

# 视觉空间放大：用色彩法布置小房间

1 利用色彩进行装饰能产生明显的效果。色彩不同，人对距离、重量和温度的感觉也就大不一样。比如暖色调的红色、橙色、黄色等，易给人凸起感；相反，冷色调的蓝色、青色、绿色等，易使人产成一种景物后退的错觉。

2 小房间的主要色调宜为亮度高的淡色，如浅绿色或淡蓝色等。这样的颜色易使空间显得开阔一些。中性的浅冷色调也能减轻由于空间窄小造成的紧迫感。面积较小而且低矮的房间宜用远感色，如使用同一种浅冷色调涂刷天花板和墙面，也能在视觉上有放大空间的效果。

3 如果房间为长方形，相邻的两面墙壁其中一面可以选用白色或者其他淡色的涂料，而另一面则选用同种色调的深色涂料。因为色调的深浅对比，能够使两墙之间的距离产生视觉上的拉长感。

4 床单、桌布、沙发套等纺织装饰品颜色宜与墙壁相同或相似，这是因为单调的配色也能使人产生一种室内空间扩大了的错觉。

## 居室的点睛之笔：选用窗帘的技巧

1 布料。薄型窗帘透光程度好，白天在室内，让人能有一种安全感和隐秘感。冷色布料的窗帘适合夏季，暖色布料的窗帘适合冬季，中性色调的窗帘布料适合春秋两季。

2 功能。书房的窗帘，要求轻且薄，可使光线柔和又显明亮；卧室的窗帘，要求厚实，弱化室内光线，给人以宁静舒适之感。在冬季，多层窗帘能很好地隔断室外的冷空气，起到提高室温的作用。在夏季，则需要有效的通风，宜选用竹帘、半悬式窗帘或珠帘等。

3 厚薄。由于很多家庭都只挂一层窗帘，故窗帘布不宜太厚，要有一定的透光性；但也不能过薄，以晚上开灯后从户外看不清室内的活动为宜。

4 色彩。窗帘的色彩最好与墙面和家具的色彩相协调。如墙壁是淡蓝色或淡黄色，桌椅是紫棕色或褐色，可选用蓝色或金黄色的窗帘。墙壁是白色或象牙色，桌椅是淡黄色，可选用橙红色或黑蓝相间的花纹布窗帘，若加白色透明纱则效果更佳。此外，如果墙面上挂的饰物较多，则应选用纯色窗帘，以免使人产生眼花缭乱之感。

# 给你一整晚的安眠：选择合适的枕头

1 选择枕头的尺寸。一般来讲，成年人枕头的长度应在50～70厘米之间，宽度不宜小于30厘米，高度以15～20厘米之间为宜。

2 枕头的高度与柔软性是关键。人在仰卧时，颈椎弯曲3厘米左右最为适宜，太高或太低、太软或太硬的枕头，既影响睡眠质量，又不利于身体健康，更是造成脊椎病的隐患。一个好的枕头应该能使头部和脊椎得到最佳角度的支撑，软硬适中，受压后能迅速恢复原状，长期使用不易变形。

3 不同枕芯填充物的优缺点。目前市场上枕芯的种类很多：荞麦皮枕采用天然材料，价位低，但洗涤困难，硬度较高，易滋生细菌。羽绒枕柔软耐用，但洗涤困难且有部分人对羽绒过敏。乳胶枕透气舒适，弹性好，承托力强，不易滋生细菌，但容易老化，洗涤也不太方便。一般人造纤维枕芯价廉，但弹力不足，不可洗涤。而经特殊工艺处理的优质纤维枕不仅具有出色的支撑度和弹性，而且可机洗和烘干，防菌防霉效果较好。

4 选择枕套。居家宜使用高品质的纯棉或亚麻质地的枕套，颜色应该与床单、床罩和被套乃至整个卧房的色调相协调。

## 家居品位瞬间高级起来：选用墙面小挂饰的技巧

墙面挂饰一般包括字画、挂历、镜框、时钟、工艺品等装饰品。它们既能美化环境又能陶冶人们的艺术情操。挂饰的选配因地因人而异。地理因素包括房间格局、墙壁富余面积等；个人因素包括家庭经济条件、文化素养、职业习惯、个人爱好等。

1 一般来说，面积较小的房间，宜以低明度、冷色调的挂画相配，从而产生深远感；面积较大的房间，宜选配高明度、暖色调的挂画，从而产生近在咫尺的感觉。

2 房间若朝南，光线充足的话，宜选配冷色调的装饰画；反之，朝北的房间其装饰画应以暖色调为主，而且画幅应该挂于右侧墙面，使画面与窗外光线相互呼应、和谐统一，增添真实感。

3 空白的墙面更需精心的装饰，挂一些装饰画是一种比较常用和有效的方法。简约的现代装修风格的居室墙面上适宜挂简约的几何画。书法挂画一笔一画都透露着书香韵味，更适合作为中式风格的家居的装饰品。风景和人像挂画较适合装饰在卧室的墙面，它可以是记录家人走过的路和风景，或有意义的事情，能营造出一种温馨的氛围，但在画框材质和颜色的选择上要多加考虑。

# 多一点绿色来净化心灵：居室空间的绿化

1 悬挂。用来装饰的花篮或种植物的框架、盆钵等可以挂在门侧、柜旁、门厅、窗下，花篮里可以种植些常青藤、吊兰等植物，以起到净化空气的作用。

2 使用花格架。将花格架板嵌在墙上，放上一些枝叶往下垂的花木。居室中一些需要装饰又不适合挂字画的墙壁，如沙发椅的上方、门边的墙面，都可以安置花格架，用于放置花花草草。

3 使用高花架。高花架容易移动，方便灵活，且占地面积小，能有效利用空间，使空间得以绿化，能达到立体化、绿化居室的理想效果。

## 摆放有讲究：不同房间选不同花草

**1** 客厅。客厅宜选择那些花繁色艳、姿态万千的花卉。观叶植物宜放于墙角；观花、观果类植物宜放于光线明亮的地方。

**2** 书房。书房为幽雅清静之地，书架、书桌的案头，宜以1～2盆清新的兰草或飘逸的文竹作为点缀。

**3** 卧室。卧室宜恬静舒适，可以摆放茉莉、含笑、米兰以及四季桂花等花卉。这样，芬芳的花香，能使人心情舒畅，起到改善睡眠的作用。比较理想的室内植物还有仙人掌，它能够吸收二氧化碳并释放氧气，既为室内增添清新幽雅之感，又能提高空气中的氧气含量和负离子浓度。

**4** 阳台。阳台宜摆放榕树、月季、石榴、菊花等具有喜光、耐干、耐热等特征的植物。

# 别犯了禁忌：不适合在卧室摆放的花木

**1** 百合花、兰花。这些花香气太浓，会使人的神经兴奋，从而导致失眠。

**2** 月季花。其发出的浓郁香味，久闻让人有胸闷不适、呼吸不畅等感觉。

**3** 松柏类花木。其散发的香味对肠胃有一定的刺激作用，从而影响人的食欲；孕妇久闻，可导致恶心呕吐，并产生心烦意乱之感。

**4** 紫荆花、洋绣球花。紫荆花挥发出来的花粉如果被人体长时间接触，易诱发哮喘，或出现咳嗽加重的症状。洋绣球花散发的花粉，可能导致人体皮肤过敏。

**5** 夜来香。在晚上，夜来香散发的香味能刺激人的嗅觉，久闻将使心脏病或高血压患者有郁闷不适、头晕目眩的感觉，甚至会加重其病情。

**6** 丁香花。晚上，丁香花吸收氧气，排出二氧化碳，从而降低卧室内氧气含量，加之其花香十分浓郁，会大大降低人的睡眠质量。

**7** 郁金香。其花朵里含有毒碱，长久接触，将使人毛发脱落。

**8** 夹竹桃。夹竹桃能分泌出乳白色的液体，长久接触，能使人中毒，出现智力下降、精神不振等症状。

# 为你的餐厅增添特色：桌布选购有讲究

1 圆桌的桌面较大,可在底层铺上垂地的大桌布，上层再铺上一块小的桌布，以增加华丽感。桌布的颜色可选深色系，比较沉稳，且耐脏。

2 正方形餐桌可在底层铺上正方形桌布，上层再铺一小块方形的桌布。或者变化桌布的方向，直角对着桌边的中线铺下，让桌布下摆有三角形的花样。方桌的桌布的图案最好是比较大气的，不适宜用单一的色彩，这样看上去自然、温馨，不死板。

3 长方形餐桌可在底层铺上长方形的桌布，上层再用两块正方形桌布交错铺盖桌面；或者以两块正方形的桌布来铺陈，中间交错的地方可以用蝴蝶结、丝巾来固定，也能达到协调、美观的效果。桌旗是目前非常流行的餐桌装饰，可以与素色桌布和同样花色的餐垫搭配使用。

4 餐桌布通常用于保护桌面，避免磨损、烫伤家具表面。在选择桌布的材质时，要从它的耐磨性、耐洗性等方面考虑，应尽量选用较薄的化纤材料，因为厚实的棉纺类织物，极易吸附食物气味且不易散去，不利于保持餐厅环境卫生。餐布还可采用新型的高科技面料，如抗静电面料、抗菌除臭面料等。

第三章

# 穿衣妙招

CHAPTER 3

"天气转冷了，都不要发消息告诉我多穿衣服了。要是真关心我的话，我上衣XL的，裤子31码的，鞋子42码的。我还缺秋衣、秋裤、袜子、手套、羽绒服……"

## 观察法：鉴别衣料质地

1 仿皮：表面光泽，没有鬃眼，用力挤压，皮面没有明显褶皱，毛孔浅而显垂直。将水滴在皮面上，不吸水。

2 优质的毛线：条干均匀，毛绒整齐，逆向的绒毛少，粗细松紧一致，呈蓬松状；其色泽鲜明纯正，均匀&润；手洗后不串色、不褪色，且手感干燥蓬松，柔软而有弹性。

3 全毛织物：布面平整，色泽均匀，光泽柔和，手感柔软，富有弹性。优质的羊毛衫外观呈条形且均匀无断头，色泽和谐无色差，针脚密实无漏针。优质的兔毛衫表面的绒毛硬直且有光泽，手感细软柔和，有温暖感。

# 接触法：鉴别衣料质地

1 羽绒服。用手轻轻地拍几下，若有灰尘飞扬，则说明羽绒没洗干净，或混有杂质；按压后若能迅速恢复其原有的形状，则证明羽绒弹性大，蓬松，质量好。

2 人造丝织品。质地爽滑柔软，而棉丝织品较硬且不柔和。用手捏紧丝织品，松开后，观察其弹性和折痕。人造丝织品松开后则有明显折痕，且折痕难以恢复原状。锦纶丝绢虽有折痕，但能缓缓地恢复原状。

3 人造纤维。分为粘纤和富纤两类，其面料光泽较暗，色泽不匀，反光也较差；手感爽滑柔软，但攥紧松开后，一般会有褶皱。

4 呢绒布料。将呢绒布料用手一把抓紧后再松开，若能立即弹开，并恢复其原状，则表明质量较佳。

## 燃烧法：鉴别衣料质地

**1** 燃烧后，有较浓的烧毛发气味，灰烬呈黑色疏松球状的，是纯毛或真丝衣料。纯毛是短纤维，真丝是长纤维，从外形上即可区分。

**2** 燃烧后，有烧毛发气味，灰烬中有灰白色的粉末，是毛粘混纺织物；灰烬呈较坚硬的球状，则是毛和合成纤维的混纺或交织织物。

**3** 燃烧后，既无烧毛发味，又无烧纸味，而是产生其他特殊气味，灰烬坚硬呈球状或块状，是合成纤维纯纺或混纺织物。

**4** 若燃烧快，产生蓝烟及黄色的火焰，有烧草的气味，灰烬少且呈粉状，并呈灰色或者浅灰色，则为麻质物。

**5** 很容易燃烧，且有烧纸的气味，燃烧以后，能保持原来的线形，手一接触灰就分散，则是棉织物。

**6** 若燃烧比较慢，会缩成一团，有烧毛发的臭味，化为灰烬后，呈黑褐色的小球状，用手一捻即碎，则是丝织物。

**7** 当织物接近火焰的时候，若先卷缩成黑色的、膨胀且容易碎的颗粒，有烧毛发的臭味，即为羊毛织物。

**8** 燃烧的时候非常缓慢，熔化后离开火焰，有刺鼻的醋味，一边燃烧一边熔化；灰烬是黑色的，呈块状，有光泽，用手指一捻即碎，即是醋酯纤维织物。

# 高贵材质：如何穿用、洗护羊绒制品

1 羊绒衣物不宜长时间穿着，可两三件换着穿，这样可以防止变形，并可减少穿着时的损伤。

2 在穿羊绒制品的时候，要尽量避免直接与其他粗糙面料接触，以减少起毛、起球的现象。

3 宜在清洁的环境中穿着，这样可以减少羊绒制品洗涤的次数，降低由于洗涤不当而使羊绒制品的穿着寿命缩短的概率。

4 正确洗护羊绒制品。准备适量35℃左右的温水，用羊毛/羊绒专用洗衣液或者洗发水跟水混合，先浸湿羊绒衫一角在白毛巾上摁压，看是否褪色。如果没褪色，再加一点热水；如果褪色，则再加一点冷水。将羊绒衫全部浸在水里，轻轻揉搓2~5分钟（洗的时间越久越易褪色），用冷水清洗几次，直到没有泡沫。再轻轻将羊毛衫卷成卷，按压挤去多余的水分。然后把洗好的羊绒衫平摊在干净的白色毛巾上面一起卷并且按压，让毛巾充分吸收水分，打开毛巾后轻轻抖开羊绒衫。最后把羊绒衫放在网面或者架子上晾干，在干燥处叠好存放。注意切勿挂放，以免悬垂变形。

## 睡好觉最重要：选择一款合适的睡衣

1 选择全棉衣料。原料质地最好是全棉织物或以棉为主的合成纤维。因为棉料吸湿性强，可以很好地吸收皮肤上的汗液。此外，棉料睡衣柔软、透气性好，可以减少对皮肤的刺激。棉料不同于人造纤维，不会发生皮肤过敏和瘙痒等现象。

2 选择淡雅颜色。穿着淡雅颜色的睡衣，既适合家庭生活，又有安目宁神的作用，如粉红、粉绿、粉黄和米黄色等。

3 选择宽松款式。睡衣的背幅和前幅，应有充足的阔度，若睡衣紧束着胸部、腹部和背部等部位，会影响睡眠质量。另外，睡衣还应具有易穿、易脱和易洗的特性。

# 夏天必备：T恤衫选购小常识

1　T恤衫的款式主要在领、袖、兜、襟等四部位变化，如领多为翻领式，有大小翻领、立领、平领、圆领、方领等，还有V形领、U形领。

2　按尺寸规格选。T恤衫一般有五种规格：小号S，胸围95厘米；中号M，胸围100厘米；大号L，胸围110厘米；加大号XL，胸围115厘米；特大号XXL，胸围125厘米。选购国内品牌时可宽松点，通常将自己实际测得的胸围再加10cm为宜。但是购买出口转内销或进口T恤衫时，因为各国和地区的尺码标准不同，一般多以个人的实际尺寸为准。

3　按品种选。T恤衫种类很多，有真丝、纯棉、化纤、涤纶等。天然纤维原料做的T恤衫(丝、棉、麻)透气、凉爽、舒适。除真丝以外，价格都不贵。化纤T恤衫廉价、挺括、不易皱、易洗且易干，但不太吸汗。

4　检查外观。检查外表是否平整、光滑，T恤衫应不皱、不脱线、无破洞、无污染、无色差。

5　女性还应按身材、款式选择T恤衫。肥胖者，宜选直纹线条，平领或V形领，不带胸袋，衣长能盖住腰腹部。身材高大者，宜选一些有减高效果的设计，如束腰款式等。身材娇小者，宜选款式简单、领形整齐和无袋、少扣的T恤衫。

6　消费者在购买T恤衫后应注意保管好吊牌或阅读吊牌上的洗涤说明，洗衣服时应按说明选择洗涤方式和洗涤用品。

# 可讲究了：皮革服饰的鉴别、选购

1 鉴别。先看外表，质地均匀、无粗纹、无任何缺陷的可能是人造皮革；而真皮革的质地都有一些差异，特别是皮革制品的主要部位和次要部位结合处的差异要明显些。仔细观察皮革的毛孔分布及其形状，天然皮革孔多且深，孔略倾斜；而毛孔浅显垂直的，则可能是合成革修饰面革。从横切面上看，天然皮革的横断面纤维有其自身特点，各层纤维有粗细变化。而合成皮革的纤维各层基本均一，表面层呈塑料膜状。

2 选购。皮衣作为服装中的高档消费品，人们选购时存在一种崇尚高价的心理，更认为进口皮革制衣的质量一定比国产的好。其实这是一种错误的观念。进口皮衣的原辅材料成本高，一般比国产原辅材料高30％～40％。当前国产皮革的质量提高很快，在皮革坚固、耐撕裂强度及表面耐干湿擦强度等各项指标方面都比进口皮革的平均水平略高一等。所以选购皮衣时不能单纯看它的品牌和价格，而应该全面地衡量和评价，从内在品质来选择。

## 通勤男性篇：西装的穿着技巧

**1** 穿单排扣的西装，可以不系领带，若穿成套西装，应系领带；若穿双排扣的西装，宜系上领带。

**2** 系领带时应把领带结抽紧，并把领带夹卡好。领带的外页须长于内页。

**3** 打领带时，须扣上衬衫领口的纽扣；而不打领带时，宜敞开其纽扣。

**4** 穿毛衣或背心时，领带须放在它们的里面。

**5** 西装的上口袋，不适合插圆珠笔、钢笔。

**6** 西装的口袋上方不宜别证章及纪念章。

**7** 西装的口袋不可放太多东西，一般都不放东西，最多放一块手帕。

**8** 西装袖口外面应露出衬衫的袖口，且须扣上衬衫袖扣。

## 通勤女性篇：西装的穿着技巧

**1** 在正规场合，女性宜穿成套西装，以示庄重；在比较随意的场合，西装与不同颜色、质地的裤子或裙子搭配则更显亲切和谐、潇洒自然。

**2** 与其他时装所追求的紧身或宽松的着装效果有所不同，西装非常强调整体搭配，过小，会显得局促、拘谨；过大，则显得呆板、松垮，缺少风度。

**3** 要讲究服装的搭配效果。不打领带的时候，可选择带点飘带或花边的衬衫；若里面穿素色的羊毛衫，还可以在西装领口佩戴一个精巧的水钻饰物。

**4** 在穿西装的时候，饰品、鞋袜要配套，注意要搭配得当，不能显得凌乱。

# 不光好看：如何挑选一双适合自己的皮鞋

1 造型。挑选皮鞋时，应当挑选线条舒展，具有立体感，式样新颖，色彩雅致，并符合自己气质的皮鞋。

2 皮鞋面。首先，仔细观察皮鞋的表面，猪皮革毛眼粗大、稀疏，大多是三个一组，成"品"字形，表面粒纹比较粗糙，不太光滑；牛皮革毛眼细小、稠密，一般5~7个排成一列，表面粒纹细腻、光滑。其次，检查皮革是否柔软、丰满、富有弹性，表面是否光亮，颜色是否均匀一致，皮鞋面头部位不能有原皮伤，不能松面。

3 皮鞋底。鞋底多数是橡胶底、橡塑底、仿皮底、聚氨酯底，目前较为流行的是仿皮底。

## 搭配得体：如何选择适合自己的首饰

1　根据自己的修养、爱好来选购。不同的珠宝给人以不同的审美
情趣：钻石表示力量与毅力；红、蓝宝石象征热情和豪放；翡
翠象征含蓄和深沉；玛瑙象征幻想和坚定；珍珠象征坚贞和圣洁。

2　根据自己的年龄、体形、肤色、脸形来选购。年轻人以选择
式样新颖多姿、色调艳丽多彩的首饰为宜，显示出年轻人的
活力；中老年女性一般以选择做工考究、质地高档、色彩稳重的首
饰为宜。身材苗条、皮肤细嫩者，佩戴镶嵌深色宝石的饰品，装饰
效果较好；体胖、肤色偏黑者，佩戴透明度好、浅色宝石系列的首
饰，也能获得良好的效果。当然，镶嵌高档珠宝的首饰，则适合任
何类型的人佩戴。另外，脖颈较长者适合垂挂形耳环；脖颈较短
者，则应佩戴颗粒状的耳环。

3　注意确定尺寸。一般来说，戒指要按自己手指的粗细来测量，
戴在手上不宜过紧或过松。如果项链要配挂件的话，则项链不
宜过长或过短。

4　留意首饰的光泽。镶嵌首饰的做工要求精细，不得有深浅斑
驳和脏痕。如果是珠宝、玉石饰品，则要求色彩明丽，浓淡
相宜，光泽美好，焊点光滑，宝石与座子要密缝，雕刻的花饰要清
晰、生动、无沙点。

# 抱抱胖胖的自己：小个子胖女生的穿衣技巧

1 色彩搭配技巧。宜挑选清新鲜明的色系，喜欢素净色彩的，可以挑稳重又不乏生气的墨绿色。穿上同色系的套装，不仅显得整体和谐，而且别人的注意点也不会落在下半身，比较显高。浅色衣服不一定就会显胖，通常来说，颜色太鲜艳和有很多大花的衣服是不可选的，应选择衣料轻薄并有垂感的深色衣服。

2 花纹搭配技巧。选择竖条纹服装也是小个子穿衣的服装是不二法则。无论是宽的还是窄的竖条纹都有助于拉长身形，小个子女生穿衣应尽量避免横条纹，无论宽窄都不好。尽量选择图案相对素雅的，整体造型就会显得比较清爽大方。上衣花形较大或复杂时，应尽量穿纯色裤装，给人一种将上身托起的感觉。

3 身体部位搭配技巧。提升"腰线"的位置，就能塑造大长腿的视觉效果，记住一定要把上衣收进去，耷拉下来会显矮；露肩的设计和九分喇叭袖子，很甜美可爱，会很容易让人将目光放在上半身，有一种显高的既视感。若搭配短裙，裙摆宜在臀部以下，这样可更好地展示出大长腿来，即使个子不高的女生穿上也会显高；在穿长裤的时候，将裤脚微微卷起，露出脚踝，这样学生气满满，或者穿七分阔腿裤，在比例上拉长了下半身，顿显优雅温柔的气质。

## 不被忽悠：鉴别干洗与"假干洗"

　　利用去污剂把油渍化开，然后浸水、熨烫，从表面看似乎和干洗的效果是一样的，但实质却不同，这样只是将衣服中的灰尘吸到了织物的深处，经灰尘污染后还会重新出现，这就是"假干洗"。任何织物在水洗后都会缩水，因此免不了会变形。以下方法能够帮助你鉴别衣服是水洗的还是干洗的。

1 水洗后，衣服会有不同程度的变形和掉色。

2 送洗前，在衣服上滴几滴猪油，若是真的干洗，猪油绝对会消失，若是"假干洗"，油迹则不会消失。

3 在衣服不显眼的地方缝上一颗塑料扣，如果是真的干洗，塑料扣就会融化，但线还在；如果是水洗，则塑料扣不会消失。

4 在隐蔽处放一团卫生纸，如果卫生纸的纸质还能平整如初，则是干洗；如果卫生纸褪色并破裂，则是"假干洗"。

# 商务男士必备：领带的保养方法

1 领带使用后请立即解开领结，并轻轻从领带结口处解下，避免用力拉扯表布及衬布，以免纤维断裂造成永久性褶皱。

2 收纳领带。请将领带对折平放或将领带吊起来，并留意放置处是否平滑，以免刮伤领带。

3 开车系上安全带时，勿将领带绑在安全带里面，以免产生褶皱。

4 同一条领带戴完一次后，最好隔几天再戴，并先将领带放置于潮湿的地方或喷少许水，使其褶皱处恢复原状后，再收至干燥处平放或吊立。

5 领带沾染污垢后，建议立即干洗。处理领带结上的褶皱时应以蒸汽熨斗低温烫平。领带水洗及高温熨烫容易造成变形而受损。

## 延长穿着寿命：如何护理皮鞋

1　皮鞋适宜隔一天穿一次，能避免由于撑开的幅度及褶皱无法恢复而引起的变形。

2　汗水会使皮鞋产生湿气，所以穿了一整天之后回到家里，应将皮鞋放于通风阴凉处晾干，以防细菌滋生。

3　平常可用软毛或鞋布擦去皮鞋表面的灰尘，用尖头刷子去除鞋身与鞋跟间的缝隙部分的尘垢。为防止皮鞋变形，还应放入鞋撑，如没有鞋撑，也可用旧报纸团代替。

4　要保持皮鞋表面光亮润泽，应尽量避免用液体鞋油来护理，可以定期使用同色系的鞋油来护理皮鞋。

5　擦鞋油时，注意要将鞋油涂在鞋布上后，再擦拭。

6　若皮鞋不慎被弄湿，应用干布吸去水分，然后待其自然晾干，千万不可将湿皮鞋放在太阳下曝晒或用吹风机吹干，否则易出现裂纹。

7　清洁皮鞋时要根据不同皮质而采用不同的护理方法和护理用品。

# 宝宝必备：婴幼儿服装选购常识

1 仔细查看吊牌和衣服上的耐久标签。一定要选择正规厂家生产的婴幼儿服装，吊牌上应有商标、厂名、厂址、产品名称、产品执行标准编号、产品质量等级、安全技术类别、婴幼儿用品等标志。耐久标签上应有型号规格、纤维成分含量、洗涤方法等标志。

2 纯棉材质的服装是最佳选择。特别要注意的是婴儿的贴身衣物必须是A类产品，即可以直接接触婴儿皮肤的衣物。由于婴幼儿的皮肤娇嫩，因此婴幼儿服装首选纯棉产品，如普通纯棉或天然彩棉制品，其手感柔软，透气，利于儿童健康。婴幼儿内衣的商标和耐久标签如在衣服后领处，可能会刺激婴幼儿皮肤，购买后最好剪掉。

3 选购颜色、花色要适当。一些婴幼儿服装的印花色彩鲜艳，而且有的是用涂料染色或印制图案，这些染色和图案可能存在着甲醛、可分解芳香胺染料等有害物质，对呼吸道和皮肤会造成伤害，损害婴幼儿身体健康。婴幼儿服装应尽量选购色彩简单的，宜购买浅色、少印花图案，最好是本白色无印花图案的。

4 新的婴幼儿服装最好先用温水清洗后再给宝宝穿。

第四章

# 烹饪妙招

CHAPTER 4

"爱上做饭了，喜欢那种认真备料、精心调配、煎炒焖煮后……却做出一道黑暗料理的感觉，像极了我那无法预料的人生。"

## 不只是过水：蔬菜的洗涤方法

蔬菜是烹制菜肴的重要原料，既可单独制作为菜肴，又可作为各种菜肴的辅料。蔬菜的洗涤应根据其不同性状采取相应的洗涤方法。

**1** 用清水洗。将摘剔整理后的蔬菜放在清水中浸泡一段时间，洗去蔬菜上的泥沙等污物，再反复冲洗干净。

**2** 用盐水洗。夏、秋两季的蔬菜上虫卵较多，用清水洗一般不易彻底清洗干净，可将摘剔整理后的蔬菜放在浓度为2％的淡盐水中浸泡约15分钟，菜虫及虫卵在淡盐水环境下会自动从蔬菜上脱落下来，然后用冷水反复洗净。

**3** 用洗洁精溶液洗。在盛水器皿中，滴入5～6滴洗洁精，加入2500毫升水，将要洗的食材浸泡3～5分钟，再用清水洗净即可。这种方法主要适用于一些表层易受农药污染的蔬菜。污染后的蔬菜切忌简单清洗下或洗涤不净就下锅。

**4** 用高锰酸钾溶液浸洗。冷拌食用的蔬菜一般不会再加热处理。为了杀菌消毒，洗涤蔬菜时通常可先在浓度为3％的高锰酸钾溶液中浸泡5分钟左右，然后用冷开水冲净，方可用于制作冷菜。

**5** 用漂白粉溶液洗。用清水洗净蔬菜，再在2％的漂白粉溶液（即500毫升水加10克漂白粉）中浸泡5分钟左右，然后用冷开水把消过毒的蔬菜冲洗干净。

**6** 用淘米水洗。市场上销售的水果、蔬菜，大多附有有机磷农药（乐果、甲胺磷等）和氨基甲酸酯类农药（呋喃丹、杀虫双、灭扑威等），可将果蔬用淘米水浸泡15分钟左右再清洗，有助于去除农药残留。

# 爱"豆"必备：去除豆腐的豆腥味

1 用一个大碗装半碗冷水，撒入一小撮食盐，搅匀，然后把豆腐切块，放进去浸泡10分钟左右，换清水再泡一次，这样就能去掉豆腥味。

2 在锅里加一些冷水，然后把豆腐切块放进去，开中火煮至沸腾关火，再把豆腐沥出，用冷水浸泡。豆腐容易碎，注意别煮太久。

3 先将锅里的水用大火烧沸，然后转小火，慢慢倒入豆腐，水再一次沸腾时将豆腐捞出，放入冷水中浸泡降温。这和方法2的原理相似，都是利用高温去除豆腐的豆腥味。

4 如果天气温度不高，可以把买回来的豆腐放凉水里泡一天，泡的时候多换几次水，也可以去除豆腥味。虽然有些麻烦，但是效果很好。

## 不宜热水：猪肉的清洗技巧

1 猪肉含有丰富的蛋白质，其蛋白质分为肌溶蛋白和肌凝蛋白两种，其中，肌溶蛋白的凝固点较低，在15～60℃条件下极易溶解于水中。用热水浸泡猪肉会失去大量的肌溶蛋白，肌溶蛋白的有机酸、谷氨酸和谷氨酸钠盐等成分随之被浸出，从而破坏猪肉的味道。因此，最好不用热水浸泡、清洗新鲜的猪肉，猪肉上有脏物时，可先用干净的布擦净，再用冷水快速冲洗净，不要久泡。

2 在盆中倒入温水，温度以手不会感觉烫为宜，再加入一些食盐和小苏打搅匀，将猪肉放入盆中。这是本方法的窍门，清洗猪肉时加点小苏打与食盐，会更干净。小苏打有一定的吸附作用，能很快将猪肉上的脏东西清洗出来；食用盐有一定的杀菌作用，附在猪肉表面上的细菌也会被去掉。浸泡5分钟后不断揉搓猪肉表面，约1分钟后就会看到水中有很多脏东西了。将脏水倒掉，换上一盆清水将猪肉洗净，或直接在水龙头下用清水将猪肉表面附着的盐水和小苏打冲洗干净即可。

3 用淘米水洗猪肉，干净又安全。淘米水中含有丰富的生物碱，是一种非常好的清洁剂，还有消毒杀菌的作用。将淘米水用一个盆子装好，放入猪肉，浸泡5分钟后再清洗，这时可发现肉里的脏东西都自己跑出来了，搓洗后再用清水冲洗干净即可。如果没有淘米水，也可以把一些面粉加入水中搅匀后，再用来清洗猪肉，效果也很好。

# 泡发不简单：海参的泡发技巧

1 先用冷水将干海参浸泡一天，再剖开掏出内脏洗净，用暖瓶装好开水，将海参放入后塞紧瓶盖，泡发约12小时。其间可倒出检查，挑出部分已经发好的海参，放在冷水中待用。

2 灰参、岩参等的皮厚且硬，可先用火把外皮烧脆，拿小刀刮去海参的沙，在清水中泡约2小时，再在开水中泡一晚，取出后剖开其腹部，除去内脏，洗净沙粒和污垢，然后泡三四天便可。

3 泡发海参时应一天换一次水。海参泡发时，千万不能碰油、盐，使用的器皿也不能碰油、盐，因为海参遇油容易腐烂，而遇盐则较难发透。

## 洗虾有法：啥？原来虾要这样洗

　　虽然鲜虾味道鲜美，营养丰富，但虾背上有一条黑色虾线，里面是黑褐色的消化残渣，要有技巧地清洗，才能既卫生又不失虾的鲜美味道。

1　清洗虾的步骤。首先是以45°的角度，从虾脑部向下剪除虾头，挑出虾脑。紧邻虾脑前部的是虾黄，这是好东西，挑的时候应尽量保留虾黄。再轻轻地拽出虾脑和一部分虾肠。接着剪虾尾，如果不在意美观就剪掉虾尾巴，剪的时候可稍微带一点尾部的肉，然后挤虾肠，用食指和拇指捏住虾背，向尾部用力，剩余的虾肠就可挤出来。最后把所有处理好的虾清洗干净。

2　也可以不用剪刀。一手捏着虾头，一手捏住虾身，捏头的手往下掰，露出虾头里的内容物。此时可看到虾肠连接着虾头和虾身，捏住虾肠同时拉直虾身，扯出虾肠，将虾头拧掉。接着处理虾尾，先捏住虾尾中间的那一瓣往下拧，然后弄断瓣的两边，剩下中间的部分用力往外扯，可以扯出剩余的虾肠。将虾全部处理好之后用清水冲洗干净即可。

3　如果是做红烧虾或者椒盐虾，可以直接把虾的背部用剪刀全部剖开，或者直接切开，取出虾肠污物后洗净，剪去尾刺，用小刀在虾腹部划几条道，然后将虾扭直。这样比较容易入味。

# 斗智斗勇：清洗螃蟹的技巧

1 吐沙。螃蟹刚拿回家后先把它丢在盆中，然后倒上水，在里面加上几勺盐，搅拌之后兑成淡盐水，让螃蟹浸泡大约一小时。这一步的目的是让它吐出肚子里面的脏东西。在泡的时候要多换几次水。等到水慢慢变得清澈的时候就差不多了。

2 温水冲洗。对于不擅长清洗螃蟹的人，很容易就会被夹到手。可以往盆里面倒入50℃左右的热水，将螃蟹弄晕，这样既不会影响蟹的鲜美，又方便清洗时施展拳脚。

3 刷洗。仔细地用大拇指和食指捏住蟹背的两侧，就可以不被蟹钳夹到。用的刷子柄要长一些，毛要硬一些，这样才能洗得比较干净。可先蘸上水，然后将螃蟹的背部、腹部、嘴部和身体两侧都刷洗干净，接着把它的钳子和六只脚也刷洗一下。

4 去腮。蟹的腮一定要除掉，它长在蟹的腹部。它长得像眉毛那样，是两排软的毛茸茸的物质。这里面有很多的细菌，所以一定要清除干净，然后把蟹仔仔细细地刷洗一遍。

## 巧用盐和醋：清洗猪肚的六个步骤

**1** 买来的新鲜猪肚，先用水将表面的黏液尽量冲洗干净。

**2** 往炒锅或汤锅里放1000毫升水，置火上，将猪肚放入，水开后煮2~3分钟，关火。

**3** 用漏勺将猪肚捞出，放入盆中，用冷水冲净表面油污。

**4** 将猪肚内面上的黄黄的薄膜清除掉。猪肚煮了之后，去除薄膜会非常轻松。再用剪刀剪去上面的油脂。

**5** 把猪肚放入一个大瓷碗中，加食盐和白醋，用手揉搓猪肚，尽量使每个地方都粘到白醋和食盐，揉搓1~2分钟，然后翻一面，用同样的方法再揉搓一遍。

**6** 将揉搓好的猪肚再放入盆中，用流水冲洗30秒左右就处理好了。

# 想吃鱼又怕腥：如何去除手上的鱼腥味

**1** 姜片去腥法。先用姜片擦抹双手，再用肥皂清洗，鱼腥味就可去除。

**2** 醋去腥法。倒一点醋在手上，仔细搓洗双手，鱼腥味马上就去除了。

**3** 茶水去腥法。用茶水洗手，马上就可以把鱼腥味除掉。

**4** 牙膏去腥法。用少量牙膏洗手，可去除鱼腥味。

**5** 盐去腥法。在手上搓点盐，然后用肥皂洗手，可去除鱼腥味。

**6** 葱去腥法。将葱叶握在手里，来回地搓几遍，鱼腥味和葱味就会相互抵消了，再洗手即可。

**7** 柠檬去腥法。将柠檬榨汁，加入适量的水稀释，倒在制冰盒里，放入冷冻室冻成冰块，将冰块当香皂用，不仅可去除鱼腥味，还会留下淡淡的柠檬香

## 一点都不浪费：怎样拆蟹肉

1　蟹身部分去掉两侧羽毛状的鳃毛，取下蟹脐，把底部的蟹黄剔出，注意只把黄色的部分剔出，不要剔得过深，以免剔到污物。

2　顺着蟹腿的方向向下扳，把蟹腿扳下来，这样可以把根部的骨节带出，将蟹腿根部关节中的蟹肉剔出。蟹腿较粗的一节开口向上放在案板上，用擀面杖从下向上擀压蟹腿，把蟹肉挤推出来，抽出蟹肉时，注意抽出蟹腿肉中的筋膜。

3　用小刀沿着蟹斗内侧刮一圈，在蟹嘴的位置向蟹斗内用拇指推按，使蟹黄与蟹斗分开，取出蟹斗里面的内容物，再沿着蟹的胃用小刀将蟹黄刮下来。

4　将蟹身从中间掰开成两半，取其中一半立在案板上，可以看到纵向剖开的蟹身有很多隔断，每个隔断里都有丰满的蟹肉，用小刀将每个隔断中的蟹肉剔出。

# 不惧辣眼睛：如何切洋葱不流泪

1 把洋葱放在冷冻层，约15分钟后再切。冷冻一下不仅不会破坏洋葱的味道，还可以减少刺激物质的产生。

2 在通风的地方切洋葱，比如搬一台电风扇直吹，或是把抽油烟机打开，尽量避免直面接触洋葱的刺激气味。也可以选用密闭的切菜容器来切洋葱。

3 切洋葱前，先将洋葱放在微波炉或烤箱中加热二十至三十秒，把其中的蒜氨酸酶酵素破坏掉，再切时就不会辣眼睛了。

4 戴着眼镜或泳镜切洋葱，泳镜对眼睛的封闭效果较好，这样切洋葱时就不会有刺激物质挥发到眼睛里了。但需要注意的是，泳镜可能会影响视线，应小心不要切到手。

## 厨以刀为先：切肉有诀窍

**1** 牛、羊肉质地老（即纤维组织粗）、筋多（即结缔组织又多又长），必须横着纤维纹路切，才能把筋切短、切断，烹调后才比较嫩。否则，顺着纤维纹路切，保留筋腱，烧熟后肉质会又老又硬，口感欠佳。

**2** 猪肉的肉质比较细嫩，肉中筋少，要斜着纤维纹路切，这样才能使肉的质地达到既不易断碎又不粗老的目的。否则，横切易断易碎，顺切又怕粗老。

**3** 鸡肉、鱼肉因质地细嫩，肉中几乎没有筋络，必须顺着纤维纹路切，才能切出整齐划一的形态。也只有这样，才不易将肉切碎，制成的菜肴细嫩易嚼，美味可口。

**4** 由于熟肉的肥瘦软硬程度不同，如果切肉不得法，不是易烂碎就是切成连刀块。切熟肉必须采用混合刀法，即先用锯刀法前推后拉下切，切开表面软的肉质，遇到柔韧的瘦肉时使用直刀法，用力均匀直切。当然，也可根据肉质特点来确定采用哪种切法。

# 简单不费劲：防止剁肉馅时粘刀

1 剁肉前，把菜刀放进开水里泡3～5分钟，剁肉时，肉末就不再粘刀。

2 剁肉前，用白米酒沾湿菜刀的两面，剁肉时，肉末就不再粘刀。

3 剁肉前，用白萝卜擦菜刀两面之后再剁肉，同样不会粘刀。

4 剁肉馅时，在肉上倒一点白酒，剁起来轻快、省时、不粘刀。

5 可以先把肉切成小块，然后连同大葱一起剁，或者边剁边往肉上面倒一点酱油，由于肉中增加了水分，剁起来肉就不会粘刀了，十分省劲。

## 不只是焯水：去除肉的血腥味

**1** 用稀释的明矾水去除血腥味。将肉用稀释的明矾水浸泡后反复洗涤，然后放入锅内加水煮（盖锅盖时一定要留一条小缝透气），待煮沸后除去漂浮在水面的浮沫和血污，再取出肉用清水洗净即可。

**2** 用清水去除血腥味。把肉泡在清水里，直到它变白为止，即可去除血腥味。

**3** 用柠檬汁去除肉腥味。在肉上滴几滴柠檬汁，能去除肉腥味，还能增加鲜味。

**4** 用蒜片去掉肉和血的气味。炒肉时，加入一些蒜片或蒜泥调味，即可去除异味。

**5** 用洋葱汁去除异味。把肉切成薄片，浸泡在洋葱汁兑的水中。如果是肉末，则可加入少许洋葱汁搅拌。

# 烹调妙招：火候的掌握

火候，是菜肴烹调过程中，所用的火力大小和时间长短。烹调时，一方面要从燃烧烈度鉴别火力，另一方面要根据原料性质掌握成熟时间。两者统一，才能使菜肴烹调成功。

火力大小的运用要根据原料性质确定，有些菜肴烹调要使用两种或两种以上火力，如清炖牛肉，就是先用旺火，再用小火；而余鱼脯则是先用小火，再用中火；红烧鱼则先用旺火，再用中火，然后转小火烧制。

烹调技法也与火候运用密切相关。炒、爆、烹等技法多用旺火速成；炸、烧、炖、煮、焖等技法则多用中、小火烹调。根据菜肴不同，每种烹调技法在火候运用上也不是一成不变的。

> 1 炖煮宜用小火，如清炖牛肉，将切好的牛肉块用沸水焯一下，捞出，加入辅料炒制片刻，然后加水转小火慢慢炖煮。这样做出来的清炖牛肉，色香味形俱佳。如果持续用旺火或中火炖煮，牛肉就会出现外形不整齐的情况，菜汤中还会有许多牛肉渣，虽然牛肉表面熟烂，但里面却嚼不烂。因此，炖煮大块原料的菜肴，多用小火。

2 中火适用于炸制菜。凡是外面挂糊的原料，在下油锅炸时，大多使用中火，用逐渐加油的方法，效果较好。炸制时如果一开始就用旺火，原料会立即变焦，导致外焦里生。如果用小火，原料下锅后会出现脱糊现象。有的菜肴如香酥鸡，则是在旺火时将原料下锅，先炸出一层较硬的外壳，再转中火炸至酥脆。

3 旺火适用于爆、炒、涮的菜肴。一般用旺火烹调的菜肴，主料多以脆、嫩为主，如爆羊肉、涮羊肉、水爆肚等。水爆肚焯水时必须沸入沸出，这样才会脆嫩。这是因为旺火烹调的菜肴，主料迅速受高温使纤维急剧收缩，肉内的水分不易浸出，吃时就脆嫩。如果不是用旺火，火力不足，就容易让主料煮老。

4 现在家庭使用的燃气灶大多只有小火、中火、大火三个档，达不到旺火的要求，可利用一些办法来做出旺火烹制的菜肴。首先，锅内的油量要适当加大；其次，加热时间要稍长一些；最后，一次投放的原料也要少一些，这样便能达到较好的效果。

# 增香有法：提升菜肴鲜香的诀窍

1 借香。原料本身没有香味，也没有异味，要烹制出香味，便只有从其他原料或调味香料中借，如海参、鱿鱼等。借香的方法主要有两种：一是用具有挥发性的辛香料炝锅；二是与禽、肉类（或其鲜汤）共同加热。具体操作时，常将两种方法结合使用，香味会更加浓郁。

2 合香。原料本身虽有香味基质，但含量不足或单一，则可与其他原料或调料合烹，此为"合香"。如烹制动物性原料，常要加入适量的植物性原料，可使各种香味基质在加热过程中，散发出丰富的复合香味。动物性原料与植物性原料中的鲜味物质在加热时一同迅速分解，在挥发中凝聚，形成合香混合体。

3 点香。某些原料在加热过程中，虽有香气产生，但味道不够"浓"，或根据菜肴的要求，还略有欠缺，此时可加入适当的原料或调味料补缀，此为"点香"。菜肴在出锅前往往要淋点香油，加些香菜、葱末、胡椒粉，或在菜肴装盘后撒上椒盐、油烹姜丝等，即是运用这些具有挥发性香味原料或调味品，通过加热使其香味基质迅速挥发、溢出，达到既调香又调味的目的。

**4** 裱香。有一些菜肴需要特殊的浓烈香味覆盖其表，以特殊的风味引起人的强烈食欲，这时最适合裱香。熏肉、熏鸡、熏鱼等食品，即是用不同的加热手段和熏料（也称裱香料）制作而成。常用的熏料如锯末（红松）、白糖、茶叶、大米、松柏枝、香樟树叶等，在加热时产生大量烟气，其中含有不同的香味挥发基质。它们不仅能为食物带来独特的风味，还有抑菌和延长保质时间的作用。

**5** 提香。通过一定的加热时间，使菜肴原料、调料中的香味素充分溢出。烧、焖、炖等需较长时间加热的烹饪工艺，为充分利用香味素提供了条件。肉类及部分香辛料，如花椒、大料、丁香、桂皮等调味料的加热时间，应控制在3小时以内。各种香味物质随着加热时间延长而溢出量增加，香味也更加浓郁。但超过3小时以后，其呈味、呈香物质的挥发则逐渐减弱。

# 调味时机有讲究：做菜时把握放调料的时机

做菜时要调好味，但什么时候放什么样的调料，这是很有讲究的。做对了，既能保证菜的色香味，又能保证菜中的营养素最大限度地不被破坏，有益于人体健康。

**1** 放酱油。酱油放入菜中，高温久煮会破坏其营养成分并失去鲜味。因此，烧菜时应该在即将出锅之前放酱油。

**2** 放盐。如果是用豆油、菜籽油做菜，为减少蔬菜中维生素的损失，一般应该在即将出锅之前放盐；如果是用花生油做菜，由于花生油极易被黄曲霉菌污染，故应先放盐炸锅，这样可以大大减少黄曲霉菌毒素；若用荤油做菜，可先放一半盐，以去除蔬菜中残留的农药，而后再加入另一半盐；在做肉类菜肴时，为使肉炒得嫩，在炒至八成熟时放盐最好。

**3** 放醋。烧菜时如果在蔬菜下锅后就加一点醋，能减少蔬菜中维生素C的损失，促进钙、磷、铁等矿物成分的溶解，提高菜肴的营养价值和人体的吸收利用率。

**4** 放料酒。烧制鱼、羊等荤菜时，放一些料酒可以除去腥气。加料酒的最佳时间应当是烹调过程中锅内温度最高的时候。此外，炒肉丝要在肉丝煸炒后加料酒；烧鱼应在煎好后加料酒；炒虾仁最好在炒熟后加料酒；汤类一般在开锅后改用小火炖、煨时加料酒。

**5** 放鸡精、味精。当受热至120℃以上时，鸡精或味精不仅会失去鲜味，还不利于健康，因此，一般是在起锅时再放鸡精或味精。

**6** 放糖。在制作糖醋类菜肴时，应先放糖后加盐，否则食盐的"脱水"作用会促进蛋白质凝固而难于将糖味吃透，从而导致外甜里淡，影响菜肴的口味。

## 调料也讲究：调味补救法

1 太咸补救法。煮汤时，不慎多放了盐，又不易加水时，可将一个去皮洗净的生土豆或一块豆腐放入汤内，可使汤变淡；也可将一把大米或面粉用布包起来放入汤内，亦可使汤变淡。

2 太酸补救法。醋放多了，可加一些温开水，或将一枚松花蛋捣烂加入汤内，能有效地减少酸味。

3 太辣补救法。炒菜时辣椒放太多了，可放入一枚鸡蛋，可以减少辣味。

4 太苦补救法。苦瓜太苦时，滴入少许白醋，可将苦味除去或减轻。

5 太腻补救法。汤过于油腻时，将少量紫菜在火上烤一下，再撒入汤中，可去油腻。

6 酱油误放补救法。若不小心酱油放多了，可在菜中加入少许牛奶，能综合味道，让口感更佳。

# 重新认识白米饭：煮饭的诀窍

1 用冷自来水煮饭，水中所含氯气会使维生素$B_1$大量损失，烧的时间越长，维生素$B_1$损失越大。若用热水烧饭，就不会造成这种损失，而且比用冷水煮出的饭松软。另外，用瓶装矿泉水煮米饭也是一个极佳的方法。

2 如果想米饭煮得好吃，可在米淘净后，加一小撮食盐和一小勺花生油拌匀，然后入锅，这样做出的米饭，粒粒闪光，香糯可口。

3 如果不小心煮成了夹生饭，可在饭中加2～3勺米酒，拌匀再蒸，即可使饭熟透。

4 上顿吃不完的米饭，下顿蒸了再吃，总觉得有差别。可在剩饭隔水再蒸时，不妨先在水中放一小撮盐（约15克），这样剩饭蒸热后和刚煮出的米饭味道毫无两样。

## 好吃不露馅：巧煮饺子

1 将洗净晾干的菜切碎后，浇上食油，轻轻拌匀，再把拌好的肉馅（已放足盐）倒入，混合搅拌均匀即成馅。菜馅拌上油，被一层油膜所包裹，遇到盐就不易出水了。这样拌馅包出来的饺子，煮时皮不易破，吃起来嫩滑爽口，不妨一试。

2 煮饺子，要敞锅煮皮，盖锅煮馅。敞开锅煮，水温只能达到近100℃，由于水的沸腾作用，饺子不停地转动，可熟得均匀，皮不易破。皮熟后，再盖锅煮，温度上升，馅易熟透。这样煮的饺子汤清而皮不粘，口感好。

3 锅里的水烧开后，将适量的食盐撒入水中，待盐溶化后，再下饺子，盖上锅盖，直到煮熟，不用兑水，不用翻动，这样煮出的水饺不粘锅，不粘皮，连吃剩的饺子也不会粘。如果饺子煮熟出锅后不马上吃，可放入温水中浸一下，就不会粘在一起了。

# 疯狂"种草"：炒出脆嫩青菜的四个步骤

1　先把青菜择洗干净，记住青菜一定要掰开菜头的部分清洗，因为沙子会堆积在菜头，不洗干净会影响口感。然后用淡盐水清洗一遍，可以为青菜增加一层"保护膜"，这样青菜在下锅的时候不易氧化变黑。

2　在炒任何绿叶菜之前，一定要用温开水焯一下，这是最重要的一步。这样，一是可以去除青菜本身的草酸和农药残留；二是焯过水的绿叶菜，可以保持青菜的翠绿不变色，而且再放入锅中翻炒，口感也会更加爽脆。

3　大火热锅，加入植物油，油烧到八成热，放入姜、蒜，爆香，放入青菜大火炒30秒。热锅冷油，猛火快炒，能最大限度地保证青菜的脆嫩口感。

4　快起锅时，加入一勺蚝油，口味比较淡的就可以不放盐了，口味重的可再加一小勺盐，翻炒一下迅速出锅。快起锅时再加盐调味，既能保证盐的营养成分不会流失，又能减少盐分渗透，从而锁住青菜水分，保持爽脆。

## 美味又营养：鱼的烹饪诀窍

**1** 炖鱼时放几颗红枣，即可除腥味，又能增添鱼肉和汤的香味。若加一汤匙牛奶，不仅能除腥味，还可使鱼肉酥软鲜嫩，鱼汤雪白味美。炖鱼应先将放入调料（酒、醋、葱、姜片、花椒等）的水烧开，再放鱼。炖鱼时，先在鱼身上撒些盐，这样鱼肉不易破。

**2** 煎鱼时，先将鱼用净布吸干表面水分，可防止皮烂。然后用一小块鲜姜在温热的锅内涂擦一遍，再放入油，待油热，煎鱼，这样不会粘坏鱼皮。煎鱼时要用小火慢煎，不要随意翻转鱼身，待一面煎熟后，再翻转鱼身。两面都煎成金黄色即可装盘。

**3** 蒸鱼时应先将水烧得滚开，再蒸鱼。这样能使鱼外部突然遇高温蒸汽而立即凝缩，内部鲜汁不外流，熟后味道鲜美有光泽。蒸鱼前，还可先把鱼放在啤酒里浸泡10分钟，捞起后再加调味品烹制，这样不仅可以去除鱼腥味，而且能产生一种近似蟹的香味。

## 好吃停不了嘴：牛肉的烹饪诀窍

**1** 先用冷水把牛肉洗净，擦干水分，切成细丝，放入碗内，拌上盐。然后将茶油或菜油烧熟，把牛肉倒入锅内，不要翻动，盖上锅盖，待牛肉在锅内炸得"砰砰"直响时，再打开锅盖翻动几下，同时放入甜酒、大蒜、辣椒、味精即可。这样炒出的牛肉吃起来松香可口。

**2** 牛肉切成细丝后，放在较稀的小苏打溶液中拌一下后再炒，这样炒出来的牛肉丝纤维疏松，吃起来又嫩又香。

**3** 煮牛肉的前一天晚上，在牛肉上涂一层芥末，第二天清洗后再炖煮，既易熟又鲜嫩。

**4** 用高压锅炖牛肉，肉虽易烂，但不易入味。倘若先用高压锅将牛肉炖至五成熟后改用砂锅炖半小时左右，则味美又省时。

**5** 将少量茶叶用纱布包好，与牛肉同炖煮，可使牛肉不仅熟得快，而且味道清香。炖牛肉时，如果加些酒或醋（按1千克牛肉放2~3汤匙酒或1~2汤匙醋的比例），或者加一些冰糖，可缩短烹调时间，使肉质更软嫩鲜美。如果放几个山楂或几片萝卜同炖，可令牛肉熟得快，而且可除异味，增鲜香。

**6** 炖牛肉时，应使用热水，不可使用冷水。先将水烧开，再倒入牛肉，因为热水可以使牛肉表面上的蛋白质迅速凝固，防止肉中氨基酸的流失，保持肉味鲜美。旺火烧开后，揭开盖子炖15~20分钟，然后加盖，改用微火，使汤面上浮油保持一定温度，以起到焖的作用。注意盐要迟放，水要一次加足，如果发现水放少了，应加开水。

## 好吃又不腻：红烧肉的烹饪诀窍

1 先把水烧开，再下肉块，这样就使得肉表面上的蛋白质可以迅速地凝固，而大部分的蛋白质和油则会留在肉内，烧出来的肉的味道更加鲜美。

2 也可以把肉和冷水同时下锅。这时，要用文火慢煮，让肉汁、蛋白质、脂肪慢慢地从肉里渗出来，这样烧出来的肉汤就会香味扑鼻。在烧煮的过程中，注意不要在中途添加生水，否则蛋白质在受冷后骤凝，不仅会使得肉或骨头当中的成分不容易渗出，还影响口感。

3 如果是冷冻肉，则必须先用冷水化开冻肉。忌用热水，不然不仅会让肉中的维生素遭到破坏，还会使肉失去原有的鲜味。

4 如果想要肉熟烂得快，则可以在锅中放入几片萝卜或几个山楂。还要注意放盐的时间要晚一些，否则肉不容易熟烂。

# 苦尽甘来：巧去苦瓜苦味

**1** 挑选苦瓜。挑那种表面颗粒大而且饱满的苦瓜，这样的苦瓜苦味会稍微轻一点。

**2** 切苦瓜。一定要斜切，这样就能把苦瓜的苦味最大程度地散掉，而且要用勺子把中间的内容物去除掉，这样的话吃起来不会那么苦。

**3** 用盐腌渍一下。切好的苦瓜应撒上一些盐拌匀，腌渍一会，腌制之后用清水冲洗一下再烹制，吃起来味道也会清淡一些。

**4** 炒苦瓜。炒的时候要加点辣椒和豆豉，辣椒是开胃的，豆豉跟苦瓜搭配在一起烹调，苦瓜就不会太苦。

## 远离高嘌呤：熬汤的小窍门

1 骨头类原料须在冷水时下锅，且煮汤中途不要再加水。若一开始就将开水或热水往锅内倒，就会使肉骨头表面突然受到高温，这样外层肉中的蛋白质就会突然凝固，而使得内层蛋白质不能再充分溶于汤中，汤的味道就自然比不上用冷水煮的鲜美。

2 汤在煮的时候也不要太早放盐，葱、姜、料酒以适量为宜，但是可以往煮着的骨头汤里加少许醋，它能把骨头中的钙和磷溶解到汤里，从而增加汤的营养和美味。

3 要使汤清须用文火烧，且加热时间可长一些，使汤处于沸且不腾的状态，注意要撇尽汤面的浮沫、浮油。若汤汁太滚太沸，汤内的蛋白质分子会加剧运动，频繁地碰撞，会凝成很多白色颗粒，这样汤汁就会浑浊不清。

4 熬浓汤时，可加入土豆泥。平常熬制浓汤时，一般加入适量的湿淀粉，但这种做法只可省时间及工序，无法使浓汤更鲜美。若将新鲜土豆去皮后蒸熟，再捣成土豆泥，加到烹制的汤里，使之溶解，浓汤将十分鲜美。因为土豆里含大量淀粉，未经提炼，非常原汁原味。熬鱼汤时，可向锅内滴入几滴鲜牛奶，汤熟之后不仅鱼肉嫩白，而且鱼汤也会更加鲜香。

# 香味更浓更入味：煮茶叶蛋的三个步骤

1　在锅中加入适量的清水，将用清水洗净的鸡蛋放入锅中煮一段时间，煮熟之后将鸡蛋捞出，放在一旁备用。

2　准备一个调料包，在调料包中放入适量的八角、茶叶以及花椒等调味品，然后将调料包放入锅中加水煮一段时间，等到有香味溢出的时候，往锅中加入适量的生抽和食盐，也可以根据个人口味再加入适量白糖。茶叶可选用红茶或乌龙茶，红茶属于发酵茶，乌龙茶属于半发酵茶，用这两种茶叶做茶叶蛋都比较适宜，也适合大部分人的肠胃。便宜的茶叶和昂贵的茶叶并不会有太大区别，所以为了节省成本，选用便宜的茶叶就可以了。

3　将鸡蛋的蛋壳轻轻地敲裂，注意力度不要太大，然后将敲好的鸡蛋放入汤料锅中，用小火煮半小时左右，然后浸泡一个晚上左右。这样能让鸡蛋更加入味。

# 吃鱼要吃个鲜：鲜鱼保鲜四法

有时，买回的鲜鱼不是立即吃，但又不想冰冻成硬邦邦的"冰块鱼"，那如何能让鲜鱼保鲜呢？以下几个方法可供借鉴。

**1** 首先把鲜鱼洗净，切成3厘米见方小块，晾干后，在鱼块表面洒点盐和料酒，喜欢辣味的可加点辣椒粉，然后放入陶制小缸或坛子内，再加点芝麻油或菜籽油。鱼、盐、料酒、油的比例为：5千克鲜鱼、200克盐、100毫升料酒、300毫升油。密封坛口，放在阴凉干燥处，可保存一年之久而鲜味不变。

**2** 鲜鱼当天不吃，可将鱼的内脏取出，不去鳞甲，不用水洗，把鱼放入10%的冷盐水中浸泡一天，取出晾干，涂些菜籽油，挂于阴凉处或冷藏，可保鲜四五天。

**3** 去除鱼鳞、内脏、鱼鳃，然后浸泡在冷盐水（温度在-2~0℃，浓度是5%~15%）中，放置于冷藏室，这样，鲜度两三天都不会降低。千万不要放在冷冻室，否则鱼体内的水分会结成水晶，影响肉质，变得粗糙。

**4** 鲜鱼死后，往鱼嘴、鱼鳃中滴几滴白酒，放于阴凉通风处，可保持一天不变味。

# 让新鲜长久保持：果蔬储存小窍门

1 储存葡萄的小妙方。在纸箱内垫上2～3层纸，将葡萄串横卧在纸上，一排排紧密相接地码在箱内，存放在阴凉处；如果放在冰箱里，温度保持在0℃左右就可以保存1～2个月。

2 储存西瓜的小妙方。西瓜长时间放在冰箱里，即使没切开，口感和营养也会下降。打算储存的西瓜，最好选择硬皮硬瓤、八成熟、带蒂柄的。量少的话，可以把西瓜装入塑料袋内，然后封住袋口，放在阴凉处即可。如果有条件、量又多的话，能放入地下室或菜窖更好，这样西瓜处在低温和自然缺氧的环境下，一般能储存45天左右。

3 储存苹果的小妙方。先挑好苹果，再用纸包好，然后将包好的苹果每5～10个装入一个小塑料袋内存放。用一个清洁无味的箱子，在箱底和四周放上两层纸。趁早晨或夜里低温时，把装好苹果的塑料袋口对口、一层层地码在箱子里，装满后在上面盖2～3层纸，再盖一层塑料纸，封盖放在阴凉处即可。

# 家常菜也能上档次：怎样盛菜装盘

一般的家常便饭大多只讲究营养、味道就足够了。其实，日常普通的菜肴，如果讲究一下菜肴的颜色搭配、餐具使用和摆放的样式等，菜肴的品位和档次马上就提高了。

**1** 一般的炒、爆菜盛盘时，细小的料放在盘底，形大的或主料放在上层，看上去能突出主料。

**2** 质嫩易碎的勾芡菜，如熘菜盛盘时，要先从盘的一端倒起，就势向另一端移动，锅移到另一端时，菜肴正好全部倒入盘中，动作要又快又准。

**3** 对于汁稠、黏性大的菜肴，如酱爆肉丁，要先盛一部分入盘，再把锅里其余的盛入勺中，盖在盘中的那部分上，并用力向下按一按。这样盛入盘中的菜肴样式是圆圆的，显得很饱满。

**4** 块大的如整鸡、整鱼，为了盛入盘中还保持整体形状，盛的时候，将锅端在盘子上面，向前倾斜，一面用勺拖住鱼或鸡的前部，一面抬高锅的倾斜度向下倒，这样可把整鸡或整鱼完整地盛入盘内。

无论哪一种盛入方法，都要注意美观，突出主料，使盛好的每盘菜都有"丰满"感。另外，盘边还要保持干净，一般菜在上桌前，都是先用餐巾纸把盘边擦干净。

# 最佳拍档：烹饪食物的搭配方法

**1** 豆腐配萝卜助消化。豆腐含有丰富的植物蛋白，但多食会引起消化不良，而萝卜（特别是白萝卜）有消食化积的作用，两者搭配烹饪有助于胃肠道的消化吸收。

**2** 鱼配豆腐益健康。豆腐中钙的含量多，蛋氨酸的含量少，而鱼肉中既含有丰富的氨基酸，又含有大量的维生素D，两者一起吃营养互补，可提高人体对钙的吸收率。虾仁与豆腐搭配入菜，也是美味营养的极佳选择。

**3** 花生、啤酒与毛豆相配可提高智力。此吃法卵磷脂的含量极高，而卵磷脂进入胃肠道后被分解成胆碱，迅速经小肠黏膜吸收进入血管再入脑，发挥健脾益智的作用。补充卵磷脂有助于记忆力与智力的提高。

**4** 芝麻与海带同入菜，能起到美容、抗衰老的作用。因为芝麻能改善血液循环，促进新陈代谢，其中的亚油酸具有调节胆固醇的功能，维生素E又能防衰老。海带富含钙和碘，对血液有净化作用。

**5** 炖排骨加醋保护维生素。炖排骨或煮骨头汤时滴入几滴醋，不但能将骨头中的钙、磷、铁等溶解出来，有利于人体吸收，而且能保护骨头中的维生素不被破坏，提高利用率，并能使汤汁更加美味。

**6** 鸡肉和栗子、香菇组合烹调。鸡肉为造血疗虚之品，栗子重在健脾，香菇含有丰富的维生素D，还含有多糖类物质，可以提高人体的免疫力，抑制癌细胞，具有养血补气、开胃助食、抗肿瘤、补脑抗衰等功效。栗子香菇烧鸡不仅味道鲜美，而且营养互补，可补血养身，健脑益智。

**7** 猪肉与蘑菇搭配，具有补脾益气、润燥化痰及较强的滋补功效。猪肉与黄花菜、鸡蛋同入菜，能给人体提供全面的营养成分，还有强身益智的作用。猪肉和青椒搭配，不仅美味，更增加了营养素，如青椒中丰富的维生素C可促进人体对猪肉中铁的吸收利用。

**8** 牛肉炖土豆，营养价值高，并有健脾胃的作用。牛肉粗糙，有时会不易消化，土豆与之同煮，不但味道好，而且土豆含有丰富的维生素和纤维素，能起到促消化和保护胃黏膜的作用。

# 不要让刀功毁了你的蛋糕：怎样切蛋糕可以不粘刀

　　过生日时或在其他一些特殊场合都会吃蛋糕，切蛋糕也是一件"很有仪式感"的工作，但往往是蛋糕切开了，刀上也挂满了"奶油花"，很不雅观。

1 先把刀放在火上烤一烤，将刀烤热。趁热切下去，蛋糕就不会粘刀了。每切一刀，都要把刀擦洗干净，并从头烤热再切下一刀，就能很轻松地把蛋糕切成想要的份数和形状，而且避免奶油沾刀。

2 把蛋糕冷藏一下再切，也可适当避免粘刀。

3 从上往下用力均匀切，切到最下面不要往上提刀，要从最下面把刀抽出来，这样粘上的奶油会相对少一些。

## 多一点技巧少一点伤害：饮酒小常识

**1** 酒有白酒、啤酒、果酒之分，从健康角度看，当以果酒之一的红葡萄酒为优。红葡萄酒中含有抗氧化成分和丰富的酚类化合物，可以防止动脉硬化和血小板凝结，保护并维持心脑血管系统的正常生理机能。

**2** 每天下午两点以后饮酒较适宜。因为上午几个小时，胃中分解酒精的脱氢酶浓度低，对肝、脑等器官伤害较大。

**3** 人体肝脏每天能代谢的酒精约为每千克体重1克。以一个60千克体重的人为例，其每天摄入的酒精量经换算后应为：60°白酒50毫升或啤酒1升或威士忌250毫升。

**4** 熏腊食品不可作为下酒菜。熏腊食品含有大量色素与亚硝胺，与酒精发生反应，不仅伤肝，而且损害口腔与食道黏膜，甚至会诱发癌症。

5 嗜烟酒者可以多喝点牛奶，因为牛奶中的蛋白质及维生素A、维生素C对呼吸道黏膜细胞有保护作用，而且牛奶还能解毒滑肠，减少粉尘对消化道的危害。科学家们还发现，牛奶中所含的磷脂类能在胃黏膜表面形成一层很厚的疏水层，从而可以抵御酒精对胃黏膜的侵蚀，起到预防酒精中毒的作用。

6 选择葡萄酒要因菜而异。如鱼、虾等海鲜产品，佐以干白葡萄酒为宜，因干白葡萄酒含酸较高，可以解腥。而鸡、鸭、猪、牛等肉类，则佐以干红葡萄酒为佳，因干红葡萄酒含单宁酸多，可以解腻。

7 饮用白兰地的方法也是多种多样的：直接饮用，香醇甘洌；兑入矿泉水、苏打水或加入冰块，可以冲淡酒精浓度，别有一番滋味。茶水的颜色与白兰地相似，茶水和白兰地又都含有一定数量的单宁酸，两者混合饮用，既能直接把烈性酒转化为低酒精浓度的酒，又能保持白兰地的色香味。

第五章

# 消费妙招

CHAPTER 5

"如果贫穷限制了你的想象力，为什么你还

能想出那么多要买的东西？"

## 辨别真假：纯正花生油的鉴别

1　闻气味。用一根筷子或者一个小勺，蘸两滴油放置于手心，然后两手搓至手心发热时，拿到鼻子前闻一闻：质量好的、纯正的花生油会有一股浓郁的花生油香味；而掺入香精或者其他油的花生油即使开始时有微微的花生油香味，但随着揉搓时间的延长，花生油香味会越来越淡。

2　冷藏法。用一个透明的小玻璃杯或塑料杯盛满花生油，放到5～10℃的冷藏室里冷藏15分钟，然后拿出观察，一般纯正的花生油有一半会凝固；如果是掺有大量大豆油的花生油只有底部微微一点会凝固；而如果是掺入棕榈油的花生油，则大部分会凝固。

3　还可以检查花生油外包装上的成分，查看油的颜色以鉴别真假。一般在常温下，纯正花生油的颜色多为较深的金黄色，看上去也清澈透明。

# 挑选优质品：巧辨酱油质量

**1** 摇。一瓶质量好的酱油一"摇"便知。轻轻摇一下，质量好的酱油有"挂杯"的现象，有一种发黏的感觉；不合格的酱油，几乎无"挂杯"现象。同时，合格的酱油所产生的泡沫非常细腻，经久不散；而不合格的酱油所产生的泡沫比较大，很容易散去。

**2** 看工艺。采用传统工艺酿造的高盐稀态酿造酱油风味较好、含盐量较高，采用速酿工艺酿造的低盐固态发酵酱油含盐量较低。所以看一看酱油瓶身的营养成分表中钠的含量，含量较高的质量好。

**3** 看指标。氨基酸态氮含量越高，味道越鲜。同样是看酱油瓶身的营养成分表，其中有一项氨基酸态氮的含量，含量高的比较好。

**4** 看用途。酱油瓶身上应标注供佐餐用或供烹调用，供佐餐用的可直接入口，卫生指标要求高；供烹调用的，一般不能直接用来拌凉菜。

**5** 闻。酿造酱油都有一个共性，那就是有着浓郁的酱香味，所以酱油在买回家之后打开瓶盖要仔细闻一闻，优质酱油应当具有浓郁的酱香和香味。凡有氨味、酸味、霉味、焦煳味等异味的酱油都不是正宗酿造酱油。

## 选对才有高营养：如何选购优质蔬菜

**1** 认识深绿色叶菜。深绿色叶菜以茎叶为主要食用部分，其叶子颜色呈深绿色，营养价值最高，比如菠菜、小油菜、小白菜、茼蒿、芥蓝等。大白菜和圆白菜都不算深绿色叶菜，因为它们叶子颜色较浅，营养素含量不如深绿色叶菜高。一些营养价值高、深绿的花薹类蔬菜也属于深绿色叶菜，如绿菜花、油菜薹等。

**2** 认识食品标签。按照蔬菜的栽培管理和质量认证方式，可以分为普通蔬菜、无公害蔬菜、绿色食品蔬菜和有机蔬菜四类。其中，有机蔬菜在栽培中不用任何人工合成物质，绿色食品蔬菜不用任何中高毒物质，无公害蔬菜则承诺不会存在农药超标问题。

**3** 冷柜卖菜更放心。蔬菜贵在新鲜，采收后放在室温下，维生素的分解速度非常快，有毒物质——亚硝酸盐的含量却会迅速上升。所以，蔬菜最好储藏在冷柜当中而不是露天存放。保鲜膜可以有效延缓水分流失，防止营养素流失。因此，市场上放于冷柜中并加保鲜膜的蔬菜更加值得购买。

# 暗藏玄机：优质水果的选购技巧

1 榴莲。质量上乘的榴莲看上去饱满，柄部周围鼓起，一瓣瓣很分明，拿在手里较沉，闻起来有很浓的榴莲香味，摇起来还有轻微的晃动感。

2 木瓜。木瓜有两种类型：一种瓜身苗条，形状类似节瓜或蒲瓜，适合生吃，其瓜肉厚、籽少，汁水多而清甜；另一种瓜身圆圆的，外形好像葫芦瓜或沙田柚，其瓜肉薄、籽多，瓜汁稍少，适合入菜。

3 杧果（俗称：芒果）。食用没有成熟的杧果很容易引起过敏，购买时要特别注意。优质且完全成熟的杧果应具有浓郁的果香，外观应无药斑、无病斑、无灰尘污垢等。红皮杧果以砖色部分越多越好，而黄皮杧果则以橙黄较好。

4 荔枝。荔枝以色泽鲜艳、个大均匀、皮薄肉厚、质嫩多汁、味甜、富有香气、核小的为上品。果皮变色、变干，说明贮藏时间已久，品质下降。若有酒味或果肉变色，则已经变质，不能食用。

5 芦柑。在选购芦柑的时候，应选择底部宽广，肩部深而鼓起，脐部陷入得深的。从果子肩部的两侧轻轻地压，稍具有弹性、果体较大、较重的，就是优质的芦柑。

6 沙田柚。柚子品种很多，底部有淡土红色线圈的为沙田柚，以细颈葫芦形的为佳，其他品种则不宜选购这样形状的。同样大小的柚子以分量重、有光泽者为佳。

7 桃子。质量好的桃子体大肉嫩，果色鲜亮，成熟的果皮多呈黄白色，向阳的部位微红，外皮没有损伤，没有虫害斑点，味道浓甜多汁。没有成熟的桃子手感坚硬；过熟的则肉质下陷，有的甚至已经腐败变质。

**8** 猕猴桃。应挑选表皮光滑无毛、成色新鲜、呈黄褐色、个大无畸形、捏上去有弹性、果肉细腻、肉色青绿、果心较小的，这样的猕猴桃味甜汁多，清香可口。若外表颜色不均匀，剥开表皮，果瓤发黄的则不宜选购。

**9** 阳桃。选购阳桃时，应选果皮黄中带绿，有光泽，棱边呈绿色的品种；而过熟的阳桃皮色橙黄，棱边发黑；不熟的阳桃则皮色青绿，味道酸涩。

**10** 石榴。市面上常见石榴分红色、黄色和绿色三种颜色，一般是黄色的最甜。挑选石榴，首先要看光泽亮不亮，如果外皮光滑发亮且无斑痕，掂起来分量较重，说明质量好且新鲜。其次，看石榴皮是不是很饱满，皮和肉都很紧绷的石榴质量好且新鲜。最后，看外形，最好不要选太圆的，那些比较圆的石榴，其实皮都较厚，反而外观果棱凹显的，才是皮薄且成熟的，这样的石榴会更甜。

**11** 葡萄。在葡萄上市时，若想试它的酸甜，可将整串葡萄拿起来尝最末端的那一颗，若是甜的，则说明整串葡萄都会是甜的。

**12** 草莓。优质的草莓果形整齐，果面洁净，籽粒大，色泽鲜艳，呈淡红色或红色，汁液多，甜酸适口，香气浓，成熟度以八分熟为佳。选购时以草莓的果面清洁、无虫咬、无伤烂、无压伤的为佳品。

**13** 枇杷。首先，个头比较大的往往果肉比较多。其次，颜色比较深、表面比较饱满的，闻一闻还有一点香味的枇杷是较成熟的，口感上会好吃很多。然后，在选购枇杷时，还需要选那种表面有些绒毛的，绒毛完整的必定新鲜；那种特别光滑的往往是被手给抹掉了，说明这是经人挑选后剩下或放置较久的。最后，最好选带枝梗的，因为买回的枇杷如果没有吃完就要储存起来，而没有枝梗的枇杷不容易保存，更容易腐坏。

# 肥肉瘦肉明显分离：学会识别"瘦肉精"猪肉

1 看猪肉皮下脂肪层的厚度。正常猪的皮层和瘦肉之间会有一层脂肪，而"瘦肉精"生猪的皮下脂肪层明显变薄，一般来说，正常猪肉的肥膘厚度为1~2厘米，太少就要小心了。

2 看猪肉的颜色。一般情况下，含有"瘦肉精"的猪肉特别鲜红、光亮。

3 将猪肉切成二三指宽，如果猪肉比较软，不能立于案上，则可能含有"瘦肉精"。

4 肥肉与瘦肉明显分离，而且瘦肉与脂肪间有黄色液体流出的就可能含有"瘦肉精"。

5 购买时一定要看清该猪肉是否盖有检疫章。有检疫章的猪肉就可放心购买。

## 肉食爱好者必备1：选购牛羊肉的技巧

1 看色泽。新鲜牛羊肉有光泽，色泽均匀，脂肪洁白或呈淡黄色；不新鲜或变质牛羊肉的肉色暗，无光泽，脂肪呈黄绿色。

2 摸黏度。新鲜牛羊肉外表微干或有风干膜，不黏手，弹性好；变质牛羊肉的外表黏手或极度干燥，新切面发黏，指压后凹陷难以恢复，留有明显的压痕。

3 闻气味。新鲜牛羊肉有鲜肉味儿；变质牛羊肉有异味，甚至已开始发臭。

4 区别老嫩牛肉。老牛肉的肉色深红、肉质较粗；嫩牛肉的肉色浅红，肉质细腻，富有弹性。

5 常见的羊肉分为山羊肉和绵羊肉两种，新鲜的山羊肉肉色略白，皮肉间脂肪较少，羊肉特有的膻味浓郁。新鲜的绵羊肉颜色红润，肌肉比较坚实，在细细的纤维组织中夹杂着少许脂肪，膻味没有山羊肉浓郁。

## 肉食爱好者必备2：选购家禽的技巧

1 光禽。新鲜的光禽，体表干燥而紧缩，有光泽；肌肉坚挺，有弹性，呈玫瑰红色；脂肪呈淡黄色或黄色；禽嘴干净无斑点，呈淡红色；口腔黏膜呈淡玫瑰色，有光泽、洁净、无异味；眼睛明亮，充满整个眼窝。

2 冻禽。将冻禽解冻后，若皮肤呈黄白色或乳黄色，肌肉微红，切面干燥，即质量较好；若皮肤呈紫黄色、暗黄色或乳黄色，手摸的时候有黏滑感，眼框紧闭或眼球浑浊，有臭味，则为变质冻禽。

3 鉴别老嫩鸡。老鸡的皮粗糙，毛孔粗大，爪尖磨损较大，脚掌皮厚，而且僵硬，脚腕间的凸出物较大。嫩鸡皮细嫩，毛孔较小，爪尖磨损不大，脚掌皮薄而无僵硬现象，脚腕间的凸出物也较小。

4 辨别老嫩鸭。老鸭个大体重，羽毛粗糙，毛孔粗大，嘴上有较多的花斑，嘴管发硬；嫩鸭羽毛光滑，嘴上则没有花斑。

5 鉴别老嫩鹅。老鹅体重个大，毛孔、气管粗大，羽毛粗糙，头上的瘤为红色，其中有一层白霜，瘤较大，掌比较硬、老、厚；嫩鹅羽毛光滑，掌较细嫩、柔软，头上没有白霜，瘤较小。

# 鉴别新鲜蛋：选购蛋的技巧

**1** 用光照法鉴别鲜蛋。将一只手握成筒形，与鸡蛋的一端对准，向着太阳光或者灯光照视，若可以看见蛋内的蛋黄呈枯黄色，且没有任何斑点，蛋黄也不移动，则是新鲜鸡蛋。若颜色发暗，不透明，则是陈质蛋或坏蛋。

**2** 用眼观法鉴别鲜蛋。鲜蛋颜色鲜明，外壳光洁，有一层霜状的粉末在上面，则为鲜蛋；若外壳发暗且无光泽，蛋黄混杂，蛋黄贴在壳上，则为陈质蛋。

**3** 用晃听法鉴别鲜蛋。将蛋用两指捏起，轻轻地在耳边摇晃，若声音结实，则为新鲜蛋；若有空洞声，则为陈质蛋；若有敲瓦碴子的声音，则为贴皮蛋或臭蛋。

**4** 用清水测试法鉴别鲜蛋。把蛋浸泡在冷水里，若它横卧在水里，则表示十分新鲜；若倾斜着，则表示存放最少已有3天了；若它直立在水中，则表示存放的时间最少有两个星期了；若蛋浮在水面上，则应将它扔掉。

**5** 用盐水测试法鉴别鲜蛋。把鲜蛋放入盐水中会沉入水底，而不新鲜的鸡蛋则是漂浮在水面上，或半浮半沉。

另外，在挑选咸蛋时，将咸蛋握在手里轻轻地摇晃，若是成熟的咸蛋，则蛋黄坚实，蛋白呈水样，摇晃的时候可以感觉到蛋白液在流动，且有撞击蛋壳的声音，而劣质蛋与混黄蛋没有撞击的声音。对着光线将蛋照透，通过光亮或灯光处照看，若蛋白透明、清晰红亮，蛋黄缩小且靠近蛋壳，则为好咸蛋。若蛋白浑浊，蛋黄稀薄，则已不能食用。

## 你喝对了吗：选购奶制品的注意事项

1 购买奶制品时应选择正规、有一定知名度和规模的厂家的产品。

2 在购买奶制品之前弄清楚产品的标志、产品说明、产品的生产日期和保质期，以及产品的真实属性，再根据口味和需要选择纯牛乳、调味乳或是含乳饮料。

3 查看产品是否呈均匀一致的乳白色或微黄色；品尝产品是否有牛乳固有的味道，无其他异味。

4 不同的消费人群应选择适合自身特点的产品，如乳糖不耐受症人群，应选用低乳糖奶或酸牛奶等乳糖含量少的产品，儿童可选用儿童酸奶。不同年龄段的人群可选择不同的配方奶粉，如婴儿配方奶粉、孕妇奶粉、中老年奶粉等。

## 吃货之选1：如何选购新鲜鱼

1 游动。鲜活的鱼在水中游动自如，对外界刺激敏感，而将死的鱼游动缓慢，对刺激反应迟缓。

2 鱼背。鲜活的鱼背部直立，不翻背，而即将死亡的鱼背部倾斜，不能直立。鲜活的鱼经常潜入水底，偶尔出水面换气，然后又迅速潜入水中。若是即将死亡的鱼则浮于水面。

3 鱼鳞。鲜活鱼的鳞片无损伤、无脱落，反之，鳞片有脱落现象。

4 鱼眼。新鲜鱼的眼澄清而透明，并很完整，向外稍有凸出，周围无充血及发红现象；不新鲜的鱼的眼睛多少有点塌陷，色泽灰暗，有时由于内部溢血而发红；腐败鱼的眼球破裂，有的眼球瘪。

5 鱼鳃。新鲜鱼的鳃颜色鲜红或粉红，鳃盖紧闭，黏液较少且呈透明状，无异味；若鳃的颜色呈灰色或褐色，则不是新鲜鱼；若鳃的颜色呈灰白色，有黏液污物的，则为已腐坏的鱼。

**6** 表皮。新鲜鱼的表皮上黏液较少，体表清洁；鱼鳞紧密完整而有光亮；用手指压一下松开，凹陷随即复平。新鲜度较低的鱼，黏液量较多，透明度下降；鱼背较软，呈苍白色，用手压凹陷处不能立即复平，失去弹性；鱼鳞松弛，层次不明显且有脱片，没有光泽。

**7** 鱼肉。摸鱼的肉质是否紧密有弹性，按压后不会留指印，腹部紧实的为新鲜鱼；反之肉质松软，无弹性，按压后留有指痕，严重的肉骨分离，腹部留有指痕或有破口的是不新鲜的鱼。

**8** 冰冻鱼。新鲜冻鱼，其外表鲜艳、鱼体完整、无损伤、鳞片整齐、眼球清晰、鳃无异味、肌肉坚实、有弹性。有破肚、有异味的冰冻鱼都不要购买。

**9** 被铅污染的鱼体形不整齐，严重的头大尾小，脊椎僵硬无弹性；化肥污染的鱼体表颜色发黄变青，鱼肉发绿，鱼鳞脱落，鱼肚膨胀。有的鱼被各种化学物质污染后开始变味，如带有大蒜味、农药味、煤油味，这些气味可以直接闻出来。还有的鱼虽然外表看起来正常，但鱼眼却明显凸出，浑浊没有光泽，这样的鱼也是被污染过的。

## 吃货之选2：选购虾蟹贝的技巧

**1** 鉴别虾。鲜活的虾体外表洁净，触之有干燥感，体内组织完好，细胞充满水分，膨胀而有弹力。但当虾体将近变质时，甲壳下一层分泌黏液的颗粒细胞崩解，大量黏液渗到体表，触之有滑腻感，胸节和腹节之间连接变得松弛，甚至脱离而产生虾红素。

**2** 鉴别海蟹。雄蟹肉多油多，而雌蟹黄多肥美。质量好的海蟹体形完整，蟹脚坚实，颜色为青灰色。

**3** 鉴别河蟹。立秋左右的河蟹饱满肥美，此时是选购的最好时节。质量好的河蟹甲壳呈青绿色，体形完整，活泼有力。雌蟹黄多肥美，雄蟹则油多肉多，根据其脐部可辨别：雄蟹为尖脐，雌蟹为圆脐。需注意的是，买蟹一定要买鲜活的，死蟹往往含有毒素，建议不要购买。

**4** 鉴别青蟹。选购青蟹时可拿起两只掂量掂量，以重者为佳，不能只看个头。青蟹存放的最佳温度是8~18℃，温度过高或者过低都会导致青蟹很快死亡。保存青蟹时，要放在湿润的阴凉处，并每天浸泡在浓度为18%的盐水中，时间为5分钟左右，这样就能保存3~10天。

5 鉴别牡蛎。个大肥厚，呈浅黄色的，即为优质品；大小不一，潮湿发红的为次品。

6 鉴别扇贝。新鲜扇贝的肉色雪白而带有半透明状；若贝肉不透明但色白，则为不新鲜的扇贝。内脏为红色的是雌体，雄体内脏为白色。

7 鉴别干贝。好的干贝比较完整且大小均匀，干净耐看，淡淡的黄色中透着光亮，味道腥香微甜。而那些无光泛黄、大小参差不齐、松碎的干贝则是次品。如干贝的颜色发黑变暗，那质量就更差了。

## 安全和营养并存：如何为儿童选购食品

1 到正规的大商店购买儿童食品，不买校园周边、街头巷尾的"三无"食品。

2 购买正规厂家生产的儿童食品，尽量选择信誉度较好的品牌。

3 仔细查看产品标签。正规的食品标签中必须标注有产品名称、配料表、净含量、厂名、厂址、生产日期、保质期、产品标准号等信息。不要购买标签不规范的儿童食品。

4 注意食品是否适合儿童食用。为儿童选择食品须谨慎，小食品、休闲食品不等于儿童食品，甚至有的标注儿童食品的也不一定就适合儿童食用。

5 不盲目随从广告，广告的宣传并不一定就代表科学，有时只是商家为获取利益采取的一种宣传手段。

6 糖果、巧克力、果冻、方便面、洋快餐、可乐饮料、各种罐头等食品不宜给儿童多吃。

# 火眼金睛：如何鉴别真假白酒

1. 认真综合审视酒的商标名称、色泽、图案以及标签、瓶盖、酒瓶、合格证、礼品盒等各方面的情况。好的白酒标签的印刷不会太差：纸质白净、字体规范清晰，色泽鲜艳均匀，图案套色准确，油墨线条不重叠。正品包装的边缘接缝整齐严密，没有松紧不均、留缝隙的现象。还可拿起酒盒，仔细观察盒底，看看盒底有无破损和粘胶是否过多，如有，则很可能为假酒。

2. 目前知名白酒的瓶盖大都使用铝质金属防盗盖，其特点是盖体光滑，形状统一，开启方便，盖上的图案及文字整齐清楚，对口严密。盖口不易扭断，图案、文字模糊不清的，则有可能是假冒产品。

3. 从色泽上看，除酱香型酒外，一般白酒都应该是无色透明的。对于无色透明玻璃瓶包装，可把酒瓶慢慢地倒置过来，对着光观察瓶的底部，如果有下沉的物质或有云雾状现象，说明酒中杂质较多；如果酒液不浑浊，没有悬浮物，说明酒的质量较好。

4. 把酒倒入透明玻璃杯中，对着自然光观察，白酒应清澈透明，无悬浮物和沉淀物。然后闻其香气，用鼻子贴近杯口，辨别香气特点。最后品其味，喝少量酒并在舌面上铺开，分辨味感的薄厚、绵柔、醇和、粗糙以及酸、甜、甘、辣是否协调，有无余味。

5. 取一滴食用油，滴入酒中，若油能有规则地扩散，均匀下沉，为优质酒；反之，若油扩散无规则，下沉速度变化明显的，则为劣质酒。

# 细读食品标签：选购加工食品

1 看食品类别。查看包装是否完好，标签上会标明食品的类别，类别的名称是国家许可的规范名称，能反映出食品的本质。标签不完整、包装有破损的食品不要买，必要时可用鼻子闻一闻有无异味。

2 看配料表。食品的营养品质，本质上取决于原料及其比例。按法规要求，含量最大的原料应当排在第一位，最少的原料排在最后一位。

3 看营养素含量。对很多食物来说，营养素是人们关心的重要目标。而对于以口感取胜的食物来说，也要小心其中的热量、脂肪、饱和脂肪酸、钠和胆固醇的含量等指标。

4 看产品重量、净含量或固形物含量。有些产品看起来可能便宜，但如果按照净含量来算，很可能反而比其他同类产品昂贵。

5 看生产日期和保质期。保质期指维持产品出厂后具备应有品质的时间期限，保存期或最后食用期限则表示食品过了这个日期便不能保障食用的安全性。在保质期内，应当选择距离生产日期最近的产品。接近保质期的食品，虽然仍具有安全性和口感，但毕竟随着时间的延长，食品中的营养成分或保健功效会不同程度地降低。

6 看认证标志。比如有机食品标志、绿色食品标志、无公害食品标志、QS标志等。这些标志代表着产品的安全品质和管理质量。在同等情况下，最好能够优先选购有认证标志的产品。

7 熟卤制品买回后最好再加热一下，凉拌菜买回家后最好再添加一些醋、蒜等有杀菌作用的调味品。

8 警惕食品的打折促销活动，此类活动大多是针对马上过期的食品，安全指数不高，不要贪图便宜而大量购买。

## 超市套路1：小心超市灯光错觉

1 尽管超市本身灯光充足，但许多生鲜食品柜台上方都密密麻麻挂着灯，而不同售卖区灯罩的颜色还不一样，比如生肉区用红色灯罩，蔬菜区用绿色灯罩，水果区用橘色灯罩，面包专柜则会选择使用黄色灯罩。正是这些不同灯罩产生的有色灯光，掩盖了食品本身的缺陷，让各种生鲜食品看起来异常新鲜诱人，以挑动消费者的购买欲。

2 有色灯光容易造成人的视觉疲劳和错觉，导致眼睛在分辨食物质量时产生迟钝和偏差，给正确识别商品带来一定的影响。尤其是红色灯光，不但波长最长，还容易引起人的注意和兴奋，让人产生购买欲望。在购物时应加多加注意，尽量做到不受灯光的干扰，可用嗅觉等其他感官辅助辨别食物好坏，以免买到变质的食品。

## 超市套路2：小心潜在消费

1 走进多层式大卖场，顾客往往会发现，即使想买的东西在一楼，还是要从超市的二楼进入。顾客在超市里逛了一圈，自然就增加了购买其他商品的概率。

2 超市的布局可能会激发顾客潜在的消费欲望。比如，在超市内必经的通道上，集中陈列着特价商品。货品的陈列也有讲究，比如，方便面货柜旁一般是粮油区，咖啡货柜的对面经常是糕点区，货架之间都有关联性，让消费者容易触动另一根消费神经。

3 超市里的背景音乐对顾客也有一定的心理暗示作用。舒缓的节奏可以让顾客放缓脚步；在欢快的歌声中，顾客会加快购物的速度。女性比男性更喜欢购物。如果超市的促销手段和服务方式让消费者满意，消费者享受到购物的乐趣，那就是一次愉快的心理体验；如果消费者在购物后表示很后悔，那从他本身而言，他就要回顾一下自己的购物心态及对商品的选择过程，从而在购物行为方面有所改进，比如列单购物、限时购物等。

## 不穿真不行：鉴选保暖内衣

**1** 看保暖率。一般保暖内衣的保暖率都在60％左右。保暖率跟克罗值也有关，一般是克罗值越高，其保暖率越好。

**2** 看透气率。透气率与保暖率往往成反比，有些品牌的保暖内衣中加了1~2层塑料薄膜，保暖率很好，但透气率就差一些。

**3** 看弹性。有些保暖内衣，穿上后身体好像被紧箍似的，四肢伸展不开，不舒适，原因是这些保暖内衣的保暖层没有弹性。

**4** 看面料。优质保暖内衣的中间保温层是使用超细纤维织造的，成衣柔软又有良好的保暖性能，用手揉捏时，手感柔顺且无异物感。一件保暖内衣的面料是影响穿着舒适度的关键。通常以选购质地柔软、透气性强、光泽度好，洗涤后不起球、不断丝、不抽丝的为好。

**5** 听声音。老式的保暖内衣中加了一层超薄的热熔膜（俗称PVC塑料膜），以此来增强抗风能力，这种产品穿着时易发出"沙沙"的响声，且透气性不好，易起静电；而新一代的保暖内衣并未使用热熔膜，用手轻轻抖动或用手轻搓时，听不到"沙沙"的响声。

# 保护宝宝的小脚：选购儿童鞋的妙招

**1** 按宝宝的年龄选择儿童鞋。对于还在学习走路的2岁以下的宝宝，适合穿的是学步鞋；对于已经走稳的宝宝，选择的鞋子应升级为儿童鞋，但都应选择柔软性好的鞋子。3～12岁的儿童发育快，有自己的爱好和运动习惯，鞋子更换快，对运动鞋、篮球鞋、足球鞋的需求增加。12～16岁的儿童进入青春期，有的对鞋子的需求甚至和成人一样，但是仍以舒适为主。

**2** 当孩子上托儿所、幼儿园时，因为需要独立活动，系带的鞋会因为鞋带松脱而带来麻烦。此时，如果能选购横带式、丁字式或者松紧式的童鞋，既没有系带的麻烦，又穿脱自如。

**3** 很多家长认为孩子的脚长得快，在购买的时候往往都会挑那些大的来买。其实，过大的鞋穿着不跟脚，且很费劲，走路的时候容易绊脚。所以在买的时候，务必量一下孩子的净脚长，再加上合适的放量，以在脚后跟处能插入一根食指为宜。

**4** 从外到里"考察"鞋子。对于学步鞋，首先，鞋脸要较长一些，方便系带或扣带，即便宝宝刚开始走路不稳，鞋子也不容易脱掉；其次，鞋子要软，鞋垫要硬有弹性，鞋底加鞋垫的厚度不应超过5毫米。

**5** 儿童鞋的鞋底应该要柔韧且具有抓地力，不能光滑坚硬。防滑橡胶鞋底可提供良好的牵引力。鞋底正确的弯压应该是在前掌三分之一处，鞋子的后跟部位必须有足够的硬度以保护脚踝，鞋子对拧后要不易变形，鞋垫的前掌部位不能太软，否则易使宝宝的脚部神经感应不灵，不能掌握正确的行走方法。

# 耐用又实惠：选购家具的方法

1 家居市场的选择。要选择消费者比较满意或者售后服务好的家居市场。了解主办单位和厂家的地址、名称、电话、联系人，以便发生质量问题的时候能及时联系、解决。对同一品牌、同一款式的商品，要货比三家，要从价格、质量、服务等方面综合考虑。合同、发票上必须注明家具的规格、材质、价格、数量、金额。要向主办单位或商家索要产品保修卡，且要向商家索取产品环保材料的检测报告。

2 色彩的选择。购买家具的时候要考虑家具的色彩是否能跟居室的背景相协调，可以将室内的背景颜色跟灯光的光线作为主要搭配方向。若居室背景的色调较为厚重，那么，一般来说不宜选择色调较深沉的家具，若家具的色彩过于强烈，容易使视觉产生疲惫感。

3 材质的选择。若面板是用薄木或者其他材料覆面时，覆面要求平整、严密，不允许有脱胶、透胶现象。家具材质要跟地面的材料相协调，若居室是木地板，则较容易选配家具。若是水磨石、瓷砖或大理石地面，可选用木质家具，并在室内加铺地毯，以缓和冷硬的感觉。

4 漆膜的选择。家具表面的漆膜要平整、光亮，成套产品的色泽要相似，不允许产品表面漆膜有发黄、皱皮和漏漆的现象，产品内部及其他不涂饰部位没有多余的漆膜。

5 气味的区别。购买家具的时候，不要购买有强烈刺激气味的家具。选购的时候可打开柜门、拉开抽屉查验，若刺激气味让人流泪，则表明甲醛的含量严重超标。

6 质量的检查。检查板材表面有无虫蛀，拉手、柜门等是否牢固，抽屉的滑轨是否顺畅。

第六章

**环保妙招**

CHAPTER 6

"某方便面企业可以说是真正的环保企业，一年卖出一亿多份牛肉面，只需要杀死一头牛。"

## 日常清洁也省心：低碳环保生活妙招1

**1** 香蕉皮擦皮沙发。皮制的沙发在长期使用后，往往因为灰尘堆积而渐失去光泽，即使以布擦拭，亦不易恢复其光泽。此时可用"香蕉皮"的内侧来擦拭，因为香蕉皮内侧含有单宁酸，用它来擦拭皮革，效果显著。以香蕉皮内侧擦拭后再以干布抹拭，相信皮革制品又能恢复光泽。

**2** 可乐也是厕所清洁剂。倒一罐可乐在马桶里，静置一小时，然后冲掉，可乐中的柠檬酸会将马桶上的污点消除。

**3** 凡士林让你的香水味更持久。避免香水很快蒸发有个窍门：用手指抹一点凡士林，滴一滴香水在手指上再擦到身体部位，香气持久时间可增至两倍。

**4** 巧用过期的护肤品。每个女生都有一两样过期的护肤品，扔掉又可惜，可以用来擦皮鞋、皮包、皮沙发，效果很赞。如果鞋很脏，可先用洗面奶擦拭，再用润肤乳护理即可。

5 节约用水。淘米水、洗菜水、洗衣服的水可以用来冲厕所、拖地等，以节约能源，树立良好的环保意识，尽量节约宝贵的水资源。

6 少用洗洁精。大部分洗涤剂是化学产品，会污染水源。洗餐具时如果油过多，可先将残余的油倒掉，再用热面汤或热肥皂水等清洗，这样就不会让油污过多地排入下水道了。有重油污的厨房用具也可以用苏打加热水来清洗。

7 家里常备一瓶医用75°酒精，装在喷雾瓶里。电脑键盘、屏幕脏了，喷一下，轻轻一擦，既干净又能消毒。家里门把手、垃圾桶、切菜板、电灯开关、手机、隐形眼镜盒，也经常喷一下，这几个地方看不见的细菌很多。鞋子内部经常喷一下，可以杀菌，而且酒精挥发很快，不用担心潮湿，但是别喷外面的漆皮。

## 放心安心吃：低碳环保生活妙招2

1 陶瓷餐具去铅毒。刚买回的陶瓷餐具，可用4%的食醋水浸泡并煮沸，此举可去除大部分有毒物质，并且还能延长餐具的使用寿命。

2 铁锅既补铁又安全。铁锅已经被联合国卫生组织认证是较好的炒菜锅，具有良好的补铁效果。铁锅应选择质量好的，一般厚一点的、手感重一些的铁锅受热均匀，品质更好。

3 轻松补钙。当下各种补钙产品琳琅满目，但实际上最实惠的补钙品是天然食物，比如虾皮、牛奶等。虾皮别名"钙库"，还富含海洋矿物质。一两斤虾皮够全家补钙一年了，价钱还便宜。食用方法很简单，做菜做汤的时候扔一小撮虾皮进去即可。早上和晚上睡觉前喝一杯牛奶，也有良好的补钙效果。

# 省电模式：家用电器巧节电

1 保证插头与插座接触良好。

2 使用空调或取暖设备时应关紧门窗，门窗密封程度越高越省电。室温达到要求后要及时切断电源或调至恒温挡。

3 冰箱门不要频繁打开，要用的食品最好能一次取出。

4 电熨斗、吹风机等小电器随用随插电源，用完后立即切断电源。用电熨斗时，可先熨需要较低温度的衣物，再熨需要较高温度的衣物。利用切断电源后的余热，还可再熨一些衣物。

5 电风扇尽可能使用中、低挡风速。风速越快，耗电越多。

6 冰箱内物品不多时，在冷藏室1～2格内填充泡沫塑料块，可缩短制冷机工作时间。在冷藏室的每个层格前装一块比该格稍大一些的无毒塑料薄膜，可减少冷藏室冷气耗损。

7 电视机省电法。控制电视机的音量，音量越大耗电越多。亮度越大耗电越多，且亮度过大不仅会缩短机器正常使用寿命，还有损人的视力。电视在最亮和最暗时比常规值多耗电近60%。电视机不用时，最好关闭总电源开关。只用遥控器关机，仍会耗费一些电。

8 洗衣机省电法。先把衣服在液体皂或洗衣粉溶液中浸泡15～20分钟，等衣服上的油垢脏物与洗涤剂充分反应后再洗。厚薄衣服不要一起洗，否则会延长洗衣机的运转时间。每次洗的衣服要适量，少了会浪费电，多了不但增加洗涤时间，还会增加电耗。颜色不同的衣服最好不要一起洗，分色洗涤又快又好，而且省电。

9 空调省电法。在空调使用过程中，温度不要调得过低。因为空调所控制的温度调得越低，所耗的电量就越多，一般将室内温度降低或提高6～7℃即可。少开门窗以减少冷空气散失，从而利于省电。定期清除空调过滤网上的灰尘，保持清洁，过滤网上的灰尘过多也会增加耗电量。

# 凹陷有救啦：家具"神还原"

1 棉花法。取一小块棉花，尺寸要大于凹陷处的面积。将棉花浸透水后再挤干，平铺在家具表面的坑内，然后把热熨斗放在棉花上，稍等一会儿家具表面上的坑就会膨胀起来。如果家具表面的木质没有被折断，经过这样一处理就会恢复原状。这一方法还适用于复原木地板和木制工艺品。

2 核桃法。如果不小心在实木家具上划了几条痕，只要找个核桃就能解决。将核桃肉压在划痕上，然后依据划痕的方向用中指反复挤压核桃肉，直至感觉它微微发热。热度会使划痕的木纹微微张开，核桃肉中的油质便会渗入木纹，家具就重新焕发光彩了。

3 凡士林法。木制桌面被杯子烫起白色的烫痕，只要在上面涂上凡士林油，过两天再用软布擦拭，即可去掉烫痕。

4 冰块法。家具放置在地毯上时间久了，会在地毯上压出坑坑洼洼的小坑。睡觉前，在地毯的小坑上放一块冰块，第二天一早，小坑就会消失了，这是因为地毯吸收了冰块融化的水分，从而恢复了原状。

# 粘钩老掉下来心好累：粘钩挂牢小窍门

**1** 热水袋加热。把一个热水袋灌满热水，然后放在需要粘贴粘钩的墙壁上，待墙壁的温度升高至烫手时，快速把粘钩上覆盖的胶纸撕掉，粘在墙壁上，最后用手将粘钩压实。当墙面温度提高后，墙面分子运动速度加快，胶面分子运动速度也加快，黏性就提高了，与墙面的结合也就更牢固了。粘钩粘好后，不要立即挂东西，最好等12小时后再开始使用，这样可以长时间地保持粘钩牢固。

**2** 吹风机加热。如果家里没有热水袋，可以用吹风机代替，把吹风机调到最高挡，对着瓷砖猛吹，一边吹一边用手摸，当墙壁的温度开始烫手时，趁热把粘钩粘在墙壁上，并用手压实。

**3** 熨斗加热。熨斗通电后，当温度上升时，把熨斗紧贴瓷砖，也可以在熨斗与墙壁面之间垫一块湿毛巾，当墙面摸着烫手时，立即把粘钩粘上。

**4** 热毛巾加热。还可把毛巾浸在开水里，然后拧干水，敷在墙壁上，墙壁加热后快速贴上粘钩。

**5** 如果是吸盘式挂钩，用棉签蘸上鸡蛋清，均匀地涂在吸盘表面，然后将吸盘式挂钩贴在所需要的地方。注意，刚吸好的挂钩是不能在上面挂东西的，要耐心等待鸡蛋清干透。大约12小时后，鸡蛋清差不多干透了，就可以在挂钩上悬挂重物了，此时的挂钩吸附得非常牢固。这一妙招简单易行，如果家里有这种吸盘式挂钩，就赶紧试一试吧。

## 利用旧衣物1：牛仔裤做围裙

1 准备材料：牛仔裤、剪刀、针线。

2 将牛仔裤的两条裤腿剪掉，用裤裆以上的部分当围裙。

3 剪掉裤门上的拉链，保留拉链上面的裤腰部分，裤扣也要留下来备用。

4 沿裤腿剪出几条宽约5厘米的长条，用来做花边，具体的长度根据打褶的情况决定。

5 将长条缝在除裤腰以外的三个边上，边缝边打褶。

6 将牛仔裤的后面挪到前面，这样，牛仔裤原有的裤兜正好用来装一些小工具。咦，怎么没有带子呢？可将之前保留的裤扣代替带子，扣上试试看——一件俏丽的牛仔围裙就完成了。

## 利用旧衣物2：牛仔裤做收纳挂袋

1 找一条旧牛仔裤，剪下裤腿，只留下带有后裤兜的臀部部分，（前面带有拉链的那一片也裁剪掉），这一片布就是成品挂袋的"大肚子"。注意长度要比你预想做的成品长5~6厘米，这是留做包口内折的。

2 将其中的一条裤腿拆开，依着"大肚子"剪出一个长方形，这一部分就是挂袋的"后背"了。为了好看，可以将"后背"的上半部分剪成小熊脑袋的图案（圆圆的头上长着两只圆圆的耳朵）；然后将挂袋的"大肚子"缝在"后背"上，缝合时一定要将二者底部对齐。

3 在裤腿上另行裁下窄窄的一条3~5厘米长的带子，做成细绳子，然后将其缝在熊的两只耳朵上，这样一个可爱的小熊牛仔收纳挂袋就做好了。现在把它挂在门后，那些常用的小剪刀、笔、胶带等就可以插在裤袋里，而那些大一点的物件则可以放在小熊的"肚子"里。

# 拒绝"痛苦"的美丽：防鞋磨脚有妙招

1 随身备2包纸巾，需要时把纸巾全部拿出来，将装纸巾的小塑料袋压平对折，然后塞进脚脖子和新鞋后跟的接触缝隙里，也就是将折好的塑料袋压在受伤的脚脖子处，这时再穿上鞋试试，受伤的皮肤没有刚才那么疼了。原来，小小的塑料纸巾袋正好避免了脚脖子和鞋后跟的摩擦，起到了保护皮肤的作用。如果没有纸巾，还可以找其他的塑料袋代替，只要不让皮肤和鞋直接接触就好了。

2 吹风机法。用吹风机对着鞋后跟磨脚的地方吹十几分钟，等吹热后再穿上鞋来回地走，重复这样的动作，几个来回后鞋子就会被塑造成与脚贴合的形状，再穿就不会磨脚了。

3 白酒浸泡法。将一块湿纸巾晾干，再充分浸透白酒，用一个夹子固定在皮鞋磨脚处，放置一晚上，可以起到软化皮鞋的作用。如果是脚面磨脚，可以把白酒涂于鞋里磨脚的地方，浸湿10～15分钟，待皮变软后再穿上行走，皮鞋就不会磨脚了。也可以将酒精喷在毛巾上，然后将毛巾塞进鞋内，第二天再穿时鞋就不会磨脚了。

## "秃"如其来：生发护发妙招

**1** 啤酒生发。先将头发洗净、擦干，再将适量啤酒均匀地抹在头发上，做一些头部按摩使啤酒渗透头发根部，15分钟后用清水洗净头发，再用木梳或牛角梳梳顺头发就可以了。啤酒中有效的营养成分对头发干枯、脱落有良好的治疗效果，而且还可以使头发变得乌黑光亮。

**2** 茶水黑发。在用洗发水洗过头后再用茶水冲洗，可以去除多余的垢腻，使头发乌黑柔软、光泽亮丽。

**3** 陈醋去头屑。在1000毫升温水中加入150毫升陈醋，搅匀后洗发，不仅能去屑止痒，还对头发分叉、头发变白有一定疗效。

**4** 生姜治脱发。将生姜切成片，在斑秃的地方反复擦拭，每天坚持2~3次，可以有效刺激头发生长。

# 闲置口红妙用：口红变指甲油

1 将口红切成小薄片，放进玻璃容器中。

2 将一点透明指甲油倒进容器中，搅拌均匀，新的指甲油就诞生了。只要你的梳妆台上有一支这样闲置的口红，你需要的指甲油就出来了，而且节省了买指甲油的钱。

3 你还可以把几支不用的口红各放一点来调配新的颜色，如想色彩淡些，少加一点口红，以透明指甲油为主，这样色泽就很雅致了。

## 韭菜汁居然是杀虫神器：韭菜除花蚜虫

1 鲜花虽然漂亮，可是有时叶子会生出难看的蚜虫，怎么办呢？将500克韭菜榨汁，加水6500毫升，用毛刷涂在生有蚜虫的叶片上，可消灭约15盆花卉的蚜虫。不只这些，韭菜汁还对软体害虫具有同样的效果。

2 若杜鹃花染上黑斑病、霜霉病、白粉病、立枯病，也可以用韭菜法解决。在众多的杜鹃花盆旁放一盆韭菜，或把杜鹃花放在韭菜畦的附近，一切病害均消失。还可把韭菜叶放在清水中浸泡24小时（0.5千克韭菜加5升水），用此水浇杜鹃花，每天1~2次，可预防黑斑病和白粉病。如果杜鹃花染上黑斑病，可以用韭菜泡制的水喷洒叶面，每天早晨喷洒一次，连续喷7~10天即可，而且杜鹃花会长得更加枝繁叶茂。

## 防止帽子变形：气球晾晒帽子

　　购买布制帽子时，顺便买几个气球备用。将帽子洗干净后，不要直接悬挂晾晒，拿出一个气球，一边吹气，一边放在帽子里试试，当气球的大小正好可以放在帽子里时把气球口扎紧，然后把气球塞进帽子里，再把帽子整理好，晾干。等到帽子晾干后，将气球拿掉，这时可以看到帽子还像刚买时那样挺括，不再是瘪瘪的，没有形状。

## 无惧"回南天"：淘米水去衣服霉斑

1 准备材料：淘米水、酒精溶液。

2 把衣服放入淘米水中浸泡，放置一夜，让淘米水中的蛋白质吸附霉菌。

3 一夜后，淘米水的颜色变深，仔细搓洗，即可去除霉斑。

4 对于顽固霉斑，可以涂抹5%的酒精溶液，或用热肥皂水反复擦洗，最后漂洗干净即可。

## 万能的保鲜膜：金属纽扣、含飘带衣物的清洗方法

1 用洗衣机洗衣服时，衣服上的金属纽扣与洗衣机内筒撞击后会发出清脆的声音，甚至松动的纽扣会在清洗的过程中掉下来堵塞内筒，损坏洗衣机。此外，如果纽扣上有漂亮的装饰，在清洗时很容易被拉链等尖锐的金属配件划伤，变得很难看。正确的做法是先用保鲜膜将衣服上的纽扣包好，然后将衣服放进洗衣机里，这样既可以保护纽扣不被划伤或者沾水后出现锈迹，也可以防止纽扣与洗衣机内筒撞击。

2 把脏的长袖衬衫投入洗衣机前，可以先将前襟的两个扣子分别扣入两个袖子的扣眼中，然后反面洗涤，衬衫的袖子就不会相互缠绕了。清洗有飘带的衣服时，在洗前把飘带轻轻系好，这样衣服在清洗时就不会缠绕在一起了。

# 摆脱"粘人"：去除口香糖的小妙招

**1** 冷冻法去除口香糖。将衣服叠整齐后，放入冰箱中冷冻，待口香糖冻硬后，用手轻轻一揭，即可去除口香糖，而且不会将衣服损坏。如果衣服太大放不进冷冻柜，可以事先在冰箱里制冰块，然后把冰块取出来放在口香糖污渍处压一会儿，也可以轻松去掉口香糖。

**2** 鸡蛋清去除口香糖。对衣物上的口香糖胶迹，可以先用小刀刮去表面一层，然后将鸡蛋清涂在污迹处使其溶解，最后用肥皂水清洗干净就可以了。

**3** 熨斗去除口香糖。把粘有口香糖的衣服铺平，将一张白纸覆盖在口香糖上，把加热的熨斗放在白纸上，几分钟后，粘在衣服上的口香糖就转移到白纸上了。

**4** 汽油或酒精去除口香糖。如果地面、衣物上沾有泡泡糖，可以用汽油或酒精擦洗。

**5** 去除粘在头发上的口香糖。头发上粘有口香糖可不好弄，硬撕会拉断头发，还会拉扯得头皮发疼。怎么办呢？在粘有口香糖的头发周围喷上发胶，然后用梳子梳，口香糖就掉了。

## 柔软如新：毛巾清洗有妙招

**1** 醋水浸泡法。毛巾使用一段时间后会变硬，是因为水中游离的钙、镁离子与肥皂结合生成一种不能被水溶解的沉淀物，这些沉淀物积聚在毛巾的纤维里，使用时间越长，沉淀物累积越多，毛巾就慢慢变硬了。去除这些沉淀物的方法也很简单，将毛巾清洗干净后，倒入一盆清水，加入食用醋，醋与水的配比标准为每6杯水中加入1勺醋，搅拌均匀后将洗好的毛巾放在醋水中浸泡半小时，漂洗干净后悬挂晾干，毛巾即可变得柔软如新。由于这些沉淀物是碱性物质，醋酸正好与之中和，毛巾也就重新恢复了柔软。

**2** 碱水煮泡法。将变硬的毛巾放在碱水中煮10分钟，碱水的浓度为每千升中加20克纯碱，清洗干净后晾干，毛巾就会变得柔软。

**3** 淘米水煮泡法。毛巾沾上水果汁、汗渍等会有异味，并且会变硬。把它浸泡在淘米水中煮十几分钟后晾干，再使用时就不会发硬了。

**4** 盐水清洗法。把毛巾放在浓盐水中洗涤，再用清水冲洗干净，晾晒，毛巾就会重新变得清爽好用。

# 恢复柔软蓬松：妙洗羊毛衫

1 选用中性或酸性洗涤剂清洗羊毛衫。先用热水把洗涤剂调匀，再掺入冷水调成微温，放入羊毛衫轻揉后漂洗干净，然后使用衣物柔顺剂，可保持羊毛衫的柔软和蓬松。

2 为了保护羊毛衫的色泽，可在最后一遍漂洗时在水中滴入2%的醋酸（食用醋也可以），用来中和残留的化学洗涤成分。

3 茶水防褪色。把羊毛衫放在茶水中浸泡15分钟，然后轻轻按压，再用清水漂洗干净。用茶水洗涤不仅能将灰尘洗净，使羊毛衫不褪色，还能延长羊毛衫的穿着寿命。

4 晾晒时，切忌用衣架悬挂晾干，应平铺在有毛巾垫着的平板晾衣架上，自然阴干。带有纽扣的羊毛衫，应将其纽扣扣好。

第七章

# 健身妙招

CHAPTER 7

"你以为你练出八块腹肌就有女朋友了？
你以为你练出马甲线就有男朋友了？其实这都
是真的。"

## 棉服不是万能的：运动穿衣有讲究

1 为了摆脱大量汗水淤积在皮肤表面难受的感觉，不少人认为应该穿着"舒适透气"的纯棉服装运动。但其实纯棉质地的服装只能吸汗，透气效果却一般，并不适宜运动时穿着。

2 运动时应选择那些透气性相对较好的服装。选择运动服装的首要标准就是材质，无论外套还是内衣最好都选择透气效果好的材质。尤其是在运动内衣的选择上，更要注意这一点。

3 许多人认为，一旦人运动起来，就不会感到寒冷，穿一身运动服也就可以了。但他们不清楚，人体在户外锻炼中产生较多热量的时候仅是中段，运动前和运动后还是容易受到外界温度的影响，如果不注意，人很有可能会因为身体温度的剧烈变化而生病。

# 选鞋很重要：每种运动都有专门的鞋

进行不同的运动，应穿适合的运动鞋。不同运动对于运动鞋的减震、防滑、弯折性能都有不同的需求，选择适宜的运动鞋才更有利于身体健康。

选鞋要诀。好的运动鞋，应具备减震、防滑、吸汗、护足的功能，除了能使运动员有更好表现之外，也能降低其运动受伤的概率。必须引起重视的是，穿错运动鞋引起的创伤，未必即时能看到，但日积月累后，就会造成腿脚劳损。尤其是中年人，由于骨骼逐渐变得脆弱，更应注意。

1 跑步。运动鞋要轻，减震性要好，前脚掌位置要有弹性，以配合起跑的动作。

2 网球。网球运动有较多停、扭动作，运动鞋的防滑性能要好。

3 篮球。打篮球时撞击与跳跃多，须重视运动鞋的减震性能和良好的"保护性"，穿较高靴型的运动鞋，可给予关节更好的保护，避免扭伤脚踝。

**4** 羽毛球等室内运动。室内运动要求走动灵活，应选择较轻和柔软性好的运动鞋，较重的鞋子会加重双脚的疲劳。另外要考虑防滑性，采用全面积的生胶底的鞋，可增强抓地性能，避免因地面湿滑引起摔伤。再有，鞋面要薄，具有良好的弯折性才能够迅速适应剧烈的动作。

**5** 健身。一般室内健身，可选择多功能运动鞋，防滑性能要好。

**6** 登山。选择登山鞋，首先要注意鞋面是否防水透气，以应付雨天及泥泞洼地等情况。鞋底选择具有较深纹路的硬底橡胶，不仅能防滑，还能带来有力的支撑。同时要保证鞋内舒适，减震设计必不可少，能够减缓冲击和足部疲劳感。

# 了解脚型很重要：根据个人脚型选择运动鞋

当你准备开始锻炼时，首先一件重要的事就是了解自己的脚型，然后选购一双符合自己脚型特点的运动鞋。这样你的锻炼才会顺利地进行并取得效果，还可以避免受伤。

"湿脚测试"能帮助你判断脚型，需要将脚底沾水后踩在干燥的地面上来判断自己是哪一种脚型。当然，有许多人的脚型可能是介于两种类型之间，那么就要看哪一种特征更明显。

**1** 正常型。足弓高度正常，脚印中部有很大的弧度但不中断。在跑步时通常以脚外侧着地，然后向内侧滚动以减缓冲击力，最后过渡到全脚着地。这种脚型可以选择半弯曲型的稳定类或减震加垫类跑步鞋。

**2** 平足型。因足弓较低，所以脚印饱满，整个脚掌都会印在地上。平足的人在跑步时往往以脚外侧着地，然后过分地向内侧滚动，形成内翻。如果不加以矫正，很多过度磨损性的关节伤害都可能出现。平足跑步者应该选择直型或半弯曲型、备有特别加固的足弓部内垫的鞋以减轻内翻的程度。避免穿减震垫太厚或弯曲型跑步鞋。

**3** 高足弓型。脚印外侧很窄，几乎中断，足弓内部空间很大。这种脚在落地时通常向内滚动缓冲不够，所以对冲击力的吸收减缓不明显。这种脚型的人应选择减震加垫类、弯曲或半弯曲的鞋。鞋底的可弯曲性应能增加脚的活动范围，穿稳定类鞋。

## 运动与进食：把握锻炼和进食的时机

1 人在运动时身体代谢旺盛，能量消耗增多。若空着肚子长时间锻炼，一方面会导致肝糖原储备不足，另一方面会消耗大量血糖，若得不到及时补给，会造成血糖浓度迅速降低。而脑部储糖量很少，当血糖降低时，首先会出现脑和交感神经功能受影响的症状，如头晕、眼黑、心慌等。尤其是糖尿病患者，更不能空腹锻炼。为预防低血糖症的发生，运动前可饮适量糖水或吃点易消化、含糖多的食物，如水果、牛奶等。在运动前吃多少东西，取决于个人感受。因为每个人的饮食习惯、运动方式和运动时间都不同，这些差异只有个人去体会、感觉，才能找出适合自己的进食量。

2 要避免饱腹后运动，运动一般应在饭后1.5～2小时进行；运动结束后30～45分钟再进食。这是因为，运动时血液从消化系统大量地流到运动器官，如果饱腹后运动，势必阻碍了食物的消化吸收。而且饱腹后运动容易导致腹痛，使运动不能持续。所以，运动前既不宜空腹，又不宜吃饱。比如晨练时，补充的食物以正常进食量的30%～50%为宜。

# 运动与喝水1：运动中如何健康饮水

1　补水的最佳时机。喝水主要是为了满足散热的需要，同时保持体温恒定，运动中身体失去的水分应及时补充。当然，在正式锻炼前30分钟左右补足水分更好。若运动中口渴难忍，则可少量补水。进行超大强度运动时，除运动前补足水分外，最好在运动后及时补水。

2　什么样的饮料最好。饮料的种类应根据具体情况选择。冬天如训练时间较长，能量消耗较大，则可适当饮用含糖量在5％～15％的原果汁饮料；夏天锻炼出汗量大，无机盐流失快，补水应以1％～5％淡盐水为主，一般情况下主要喝温开水或矿泉水。碳酸饮料不宜选用，碳酸饮料含糖量太高，同时渗透压太高、产气，人体吸收的速率会大大降低，还易引起腹痛。

## 运动与喝水2：运动后的科学饮水法

1 饮用的种类。宜喝白开水和绿豆汤，或1％的淡盐水。

2 忌饮过冷的水。运动时要少喝冷饮，否则会强烈刺激胃肠道，造成胃肠功能紊乱。

3 饮水的量要控制好。宜分次饮用，一次不宜超过200毫升，前后间隔不少于15分钟，饮水时速度不宜过猛。

## 运动与喝水3：健身后不妨喝点薄荷水

1 薄荷具有消风散热的作用，运动后喝一点薄荷水，还能帮助身体加速新陈代谢，排出废料和毒素。

2 薄荷在药店或超市都能方便买到，健身前煮制好薄荷水，晾凉，随身带上一瓶，健身后喝上几口，会感觉有一股清凉和宁静的感觉从心底透出来，让人觉得好像给自己的食道和胃洗了个温水澡，从里到外都轻松自在。

3 可以在薄荷水里加入红茶。健身后喝薄荷红茶，更有助于清心宁神、恢复精神，让运动过后紧张的神经慢慢地得以舒缓放松。

# 八块腹肌达成：超简单的腹部肌肉锻炼法

1 向下弯腰锻炼腹肌的方法最简单。腰部往下弯，腿直立，手臂及头部下垂，悬在空中，不要强迫自己双手触地，尽量放松，然后自然起身，伸展背部及腿部的肌肉，约停1分钟，再重复3次。一日做2～3次，连续锻炼2～3个月就能见效。

2 仰卧起坐锻炼腹肌的方法也简便易行。对于中年人，如果一开始做时比较困难，还可以平躺在床上，试着双腿并拢伸直，向上抬起接近胸部，这个方法也可锻炼腹肌。

3 每天坚持最重要。肌肉是最"知恩图报"的，只要每天给点"好处"，它就会以10倍的回馈报答你。现代医学证明，男性因腹部肌肉失去弹性而形成的"将军肚"与高血压、心脏病、糖尿病等众多常见疾病关系密切。所以中年男性锻炼肌肉要抓重点，其中锻炼腹部肌肉最重要。

4 注意"运动中腹痛"。在运动中发生腹痛时要及时放慢运动速度，调整呼吸节奏，再用手按压痛处；轻轻按摩和揉动腹部，也可以起到和顺血脉和减轻疼痛的作用；用手指分别用力按压两前臂的内关穴，伸臂，仰掌，在前臂内侧中间，腕后第二横纹上三横指，两根筋的中间按压，这也有助于止痛。若有心悸、冷汗、昏迷、脉搏细速等体征表现，应立即平卧位，并喝一些糖水；如果腹痛持续，剧烈难忍，应立即停止运动，到医院做进一步检查。

# 干货来了：怎么才能使肌肉快速增长

1 要使肌肉快速增长，就必须对肌纤维施以运动刺激，进行肌肉力量性训练。主要方法包括动力训练法和静力训练法。动力训练法是指肌肉收缩时长度缩短，即肌肉做克制性工作。静力训练法是指肌肉收缩时长度不变，即维持一定的姿势。两种方法都可以通过克服或维持负荷物，如杠铃、哑铃或者自身重量实现。刚开始训练或条件有限时，可以克服或维持自身重量进行肌肉力量训练，例如做俯卧撑、引体向上、仰卧起坐、原地跳等，随着肌肉的粗壮和力量的增强，再进行重量较大的负重练习，例如扛铃下蹲、卧推杠铃等。

2 负重练习的具体方法：负荷的重量是你所能达到最大负荷重量的40%~60%，每组重复8~12次，练习4~8组，每组间歇1~5分钟。当一种负荷重量已能够重复12次时，就要再增加负荷重量，可加到只能重复8次的重量。初练时，可以选用上述指标范围内的下限值，以后逐步增加练习组数和负荷重量，并缩短间歇时间。

## 初学者要点：健身运动的技巧常识

1 锻炼时间最好固定。每次锻炼尽可能安排在同一时间段，这样可帮助你养成良好的锻炼习惯，有助于身体各器官形成条件反射。饭后一小时和睡前一小时不宜锻炼，否则会影响消化和睡眠。

2 锻炼时间要适宜。初学者和平时劳动量较大者以每周运动3次为宜，每次1~1.5小时。

3 负荷量要根据自己的体力而定。一般说来，发达肌肉的负荷量有效次数是8~12次，最少不低于8次。发展耐力和减少脂肪的最有效次数是小负荷量做20次，腰、腹部脂肪减少甚至要一直做到做不动为止。

4 每一个动作需练习若干组。每一锻炼动作需练习若干组，这样被刺激的肌肉才能进入状态，肌肉体积才能增大。一般大肌肉群的锻炼组数可多一些，小肌肉群的锻炼组数可少一些。

5 休息时间不要过长。每个练习组之间休息时间不宜过长，一般为40~50秒，大负荷、大强度练习的休息时间不应超过15分钟。休息时间过长会影响锻炼的效果。

6 掌握正确的呼吸方法。科学、正确的呼吸可使人集中意念，使动作协调而有节奏，在锻炼中能承受更多的重量。以举重为例，一般动作和小重量试举，都是用力、肌肉收缩时吸气，放松还原时呼气。举大重量或最后几次试举时，则先深呼气，在憋住气的情况下做举放动作，然后深呼吸。

7 调整状态。人在刚醒来时，神经中枢尚未开始活动，全身肌肉十分松弛、软弱无力。倘若这个时候马上去做剧烈运动，很有可能由于用力过猛、过急而给身体带来不利的影响。因此，醒来之后，宜先用15分钟的时间在室内活动一下身体，以使身体各关节活动自如，然后投入运动。锻炼前做一下伸展运动，以预防肌肉韧带拉伤；锻炼后要做放松运动，帮助消除肌肉紧张，消除疲惫感。

8 注意进食。有人认为，运动前多吃肉类对增强体力有好处。其实，这是一种误区。人在运动前进食大量的肉类（尤其是猪肉和牛肉）后，难以消化吸收，在运动时使得胃、肠的负担加重，甚至可能引起腹痛。

9 保护脚跟。运动之后，有的人会脚跟疼痛。原因有二：一是运动时脚跟先落地，造成局部负担过重；二是脚跟不慎碰到石头一类的硬物，致使受伤引起疼痛。经常用热水泡脚，促进脚部血液循环，能起到预防受伤，保护脚跟的作用。把茄子根放入水中煎熬，滚沸几分钟，等水稍凉一点后，用来泡脚，双手反复揉搓痛处，对脚跟疼痛有一定治疗作用。

## 避免适得其反：健身运动之后不可做的四件事

1 不能立即休息。剧烈运动后若立即停下来休息，肌肉的节律性收缩会很快停止，原先流进肌肉的大量血液就不能通过肌肉收缩流回心脏，造成血压降低，出现脑部暂时性缺血，从而引发心慌气短、头晕眼花、面色苍白，甚至休克昏倒等症状。

2 不可马上洗浴。运动后如马上洗冷水浴，身体会因突受刺激，使血管立即收缩，血液循环阻力加大，同时机体抵抗力降低，使人容易生病。而若运动后立即洗热水澡，则会增加皮肤内的血液流量，血液过多地流进肌肉和皮肤中，导致心脏和大脑供血不足，轻者头昏眼花，重者虚脱休克，还容易诱发其他慢性疾病。

3 不宜大量吃糖。有的人在剧烈运动后觉得吃些甜食或糖水很舒服，就以为运动后多吃甜食有好处，其实运动后过多吃甜食会使体内消耗大量的维生素$B_1$，人就会感到倦怠，甚至食欲不振，影响体力的恢复。

4 不能饮酒解乏。在剧烈运动后，人的身体机能会处于亢奋状态，如果此时喝酒，会使身体更快地吸收酒精成分而进入血液，对肝、胃等器官的危害就会比平时饮酒更甚。

## 姿势决定成效1：跑步要有正确的姿势

1 跑步这种运动方式的精髓在于，以适当的速度、在轻松的状态下锻炼。跑步时，人的上体应稍向前倾。这种由俄罗斯运动学家尼古拉斯·罗马诺夫发明的"前倾姿势"，不仅能减轻关节负担和运动强度，还能减少运动疲惫感。前倾的幅度应以自然、舒适为好，如果过分前倾，将会增加背部肌肉的负担；如果后仰，则会导致胸腹部肌肉过分紧张。

2 跑步时，自然摆臂很重要。正确的摆臂姿势可以起到维持身体平衡、协调步频的作用，提高腿部动作的效果。摆臂时肩部要尽量放松，两臂各弯曲约90°，两手半握拳，自然摆动，前摆时稍向内，后摆时稍向外。摆动的幅度不要太大，用力也不要过猛。

3 跑步时，腿部动作应放松。一条腿后蹬时，另一条腿屈膝前摆，小腿自然放松，依靠大腿的前摆动作，带动髋部向前上方摆出。既可以脚跟先着地后迅速过渡到全脚掌着地，也可以前脚掌或前脚掌外侧由上向下着地，然后自然过渡到全脚掌。

## 姿势决定成效2：慢跑要有正确的姿势

1 慢跑的姿势应为两眼目视前方，肘关节前屈呈90°平行置于体侧，双手松握空拳，略抬头挺胸，上体略向前倾与地平面成85°左右，双脚交替腾空、蹬地，脚掌离地约10厘米。全身肌肉放松，用轻而略带弹跳的步伐前进，上肢屈肘保持60～90°，在身体左右侧平行地自然摆动。呼吸自然，鼻吸鼻呼或鼻吸口呼，必要时可口鼻同时呼吸。

2 慢跑时应注意，跑动时躯体应保持正直，除稍微前倾外，切勿后仰或左右摆动；肌肉及关节要放松；上肢要前后摆动，以保持前进时的动作惯性，保证胸廓的正常扩张；尽量用鼻子呼吸，这样可有效地防止咽炎、气管炎；落地时脚的前半部先着地，蹬地时亦为脚的前半部用力，而不能整个脚掌同时着地或用力，脚掌也不应有擦地动作，否则会加大前进阻力，还易使脚掌疲劳、碰伤甚至使人摔倒。跑步过程中如遇胸部有紧束感、心悸气促及头昏等情况，切勿突然停下，而要改跑为走，慢慢停下。

# 呼吸有技巧：长跑时怎样呼吸

1 一般来说，在长跑的开始阶段或跑得很慢时，尤其是在冬季练长跑或顶风跑时，应该用鼻子呼吸。因为鼻腔内有丰富的血管，能升高通过的空气的温度；鼻毛和鼻黏膜的分泌液，还能阻挡、清除灰尘和细菌，对呼吸道起一定的保护作用。用口呼吸，虽然能多吸进些空气，可是冷空气大量进入气管和咽喉，容易引起咳嗽、腹痛。用口吸气还会把空气中的灰尘和细菌直接吸入体内，这样又容易引发其他疾病。

2 在跑了一定距离或跑速加快后，特别是在长跑比赛时，单位时间内的通气量要比歇息时增加几倍甚至几十倍，只用鼻子呼吸已不能满足需要，憋气难受，就必须用口一起呼吸了。口鼻并用，要注意的是不能张大口呼吸，而是应该鼻吸口呼，只用口来呼气。口微开，轻咬牙，舌尖卷起，微微舔住上颚，使空气从牙缝挤出去。呼吸时，要均匀而有节奏：呼气要短促有力，有适当深度；吸气要缓慢匀和。

3 呼吸还应和跑步的步法密切配合，更好地满足身体对氧气的需要，跑起来才会感到轻快自然。配合方法应是两步一呼，再两步一吸；或三步一呼，再三步一吸。在中途加速跑或比赛中向终点冲刺时，呼吸的深度和节奏，可随着步伐的加快而相应地加深、加快。

## 全民皆宜的运动：跳绳运动之前要做好哪些准备

长久以来，跳绳都被拳击等许多项目的运动员用来训练灵活度和速度，跳绳不仅能增强身体协调力，还能锻炼耐力。尽管人们常常认为跳绳是低端运动，但它确实是最方便实用的全身运动项目。

**1** 如有可能，选择有弹性的地面作为跳绳地点。

**2** 穿运动鞋，切不可赤脚跳绳，尤其是初练者。

**3** 根据自身情况确认跳绳的长度，选择合适的跳绳。

**4** 可能的话，可来点音乐。有动感的音乐可增添动力，还能提供节奏点。

**5** 从低强度入手。刚开始不要一下就跳1小时。一般建议是每次20分钟左右，每周3~4次，以后慢慢增加强度。

**6** 不要跳得太高。离地约5厘米就可以了，这样运动比较缓和，持续更久。

**7** 落地轻一点。想象你是在玻璃地板上跳绳，倘若你落地过重就会把地板踩碎。尽可能轻轻落地，减少冲击。

**8** 手腕稍稍绕圈。跳绳时可以稍微把前臂带动起来，但肘部应向身体收，保持肩膀放松，自然下垂。

**9** 变换着花样跳。比如从双脚跳变为单脚跳，左右换脚跳，或者跑跳，这样你就不会感觉那么枯燥。

**10** 跳绳前记得先热一热身，原地踏踏步，做做伸展运动，尤其是活动一下小腿。跳绳后最好也做做伸展运动，这样能帮助缓和小腿的肌肉紧张，减少酸痛。

## 最怕耳朵进水：游泳时该怎样保护耳朵

1 游泳前做体格检查。患有中耳炎的人不宜游泳，因为慢性中耳炎病人，一般鼓膜上都可能有穿孔，中耳和外耳道连通了，游泳池内脏水就会从外耳道流进中耳里去，使中耳发炎化脓的病情加重。必须等鼓膜的穿孔长好或修补好后，经医生检查同意后才能下水。

2 游泳时尽量不要让池水流进耳朵里。入水前，可以戴上橡皮耳塞，或者把涂上凡士林油膏的药棉球塞入外耳道内。但要注意塞的时间不要过长，取出后要将外耳道内擦拭干净，以免影响外耳道皮肤排出能杀菌的分泌物。

3 游泳后应及时把外耳道内的积水排净。排水时，头部应倾向有积水的一侧，用同侧手向后牵拉耳郭，把听道扯直，或再按压耳屏几下，积水就会流出来。也可使有积水的一侧耳朵向下，用手轻轻拍打头部，或用同侧的腿做单腿原地跳动作，连跳几下，就可把水震出来。

4 鼻子吃进水后，应按住一个鼻孔轻轻将水擤出，或回吸至后鼻孔从口中吐出。不要同时捏住两个鼻孔用力擤，以免将污水或鼻涕逆流入中耳而引起中耳炎。

5 跳水时要注意姿势和方法。跳水时，应手和前臂先入水，而后头部和身体垂直入水。如果姿势和方法不正确，就会使身体和头部倾斜入水，造成耳部直接与水面接触，容易拍伤耳膜或使耳膜穿孔。

6 游泳出水后要做好保温工作，及时擦干身上的水，披上浴巾或衣服，以免受凉感冒，引发急性鼻炎和急性中耳炎。因为中耳腔前下有耳咽管，与鼻咽部相通，感冒后鼻和鼻咽部潜藏的细菌，就会经过耳咽管进入中耳，致使中耳发炎。

# 运动的益处：交替运动有益身心健康

1 体脑交替。人们除了需要爬山、跑步、跳舞、打球等体力锻炼，还要看书、背诵、写作、下棋等脑力锻炼。这样，不仅可以增强体力，而且可以使脑力不衰。

2 动静交替。人们除了进行体力和脑力的活动，还应每天抽一定时间，使体、脑都安静下来，全身肌肉放松，去除头脑中一切杂念，使全身心得到休息，这样很利于调节全身的循环系统。

3 左右交替。右侧肢体和左侧肢体做交替运动。如果你主要是右手在运动或干活，建议你有机会就活动左手。左右交替不仅使左右肢体全面发展，而且能使左右脑得到均衡、全面发展。

## "加班狗"的自救：办公室内巧健身

1　站立，两脚分开，与肩同宽，两手叉腰，做前屈（下巴贴近胸部）后伸（抬头后仰）、侧屈（耳朵贴近肩膀）和旋转动作，动作要求做得缓慢、到位，到了某一位置，要稍微用力拉伸一下，已有酸胀感时，效果最佳。每节做一分钟左右。

2　腰部转动和拍肩相结合，右手掌拍左肩腰向左转，另一手背拍腰骶部，反之亦然。因肩部有肩井穴，拍打此穴可起到疏通气息、行气活血的作用。

3　取自然立正姿势，双手叉腰，拇指在前，其余四指在后，胯部向右、向左摆动，然后可做顺时针或逆时针转动，转动要缓慢有力。

4　徒手跳绳，手脚动作要配合、协调。此动作可活络气血，加快血液循环，改善疲劳状态，每次坚持一分钟左右。

5　原地踏步，上肢摆臂，下肢伸直，脚尖绷紧，尽量与下肢保持一条直线，向上踢尽量踢高一些，就像做操练时进行的正步走的动作。

# 运动上瘾：运动过度对健康不利

运动过度的意思就是迫使身体过度劳累。如果肌肉与关节感到疲劳酸痛，便无法正常发挥功能，因此，持续性的过度劳累会使身体面临更大的受伤风险。久而久之，还会削弱免疫系统。

1　运动过度还会引起关节磨损性损伤。人体在平地站立时每条腿负担一半的身体重量，当一条腿支撑站立时，受力腿则承担着整个身体的重量，膝关节压力会明显增大。例如在爬楼梯、爬山时，人体不仅需要单腿支撑，躯体还需要保持弯曲姿态，使膝关节以一定角度承重，更加重了关节受力。动作过猛、持续时间过长的登山运动在一定程度上会引起关节磨损。因此，运动前应先热身。

2　要避免过度运动，应该持续追踪自己的状况，例如每周跑了多少里？花了多长的时间？在热爱运动的新手中，最容易出现的就是过度运动现象，这也是对运动上瘾或"迷恋运动"的一个征兆，这种过度运动与"饮食失序"类似。